께!

# 삼각형으로 스피드를 구해줘!

글 정완상 | 그림 이지후

# 삼각형으로 스피드를 구해 줘!

(주)자음과모음

# 차례

낙하 법칙은 위대한 물리학자인 갈릴레오 갈릴레이가 처음으로 알아냈습니다. 그가 발견한 낙하 법칙은 두 가지로 요약될 수 있습니다. 하나는 낙하하는 물체의 속력이 매초 초속 10미터씩 더 빨라진다는 내용이고, 다른 하나는 낙하 거리에 대한 재미있는 규칙입니다. 물체가 1초 동안 낙하한 거리와 2초 동안 낙하한 거리와 3초 동안 낙하한 거리의 비가 1 : 4 : 9가 된다는 내용이지요. 이것을 제곱을 이용해 적으면 $1^2$ : $2^2$ : $3^2$이 되어 낙하 거리의 비가 아름다운 제곱수로 표현되지요.

이 아름다운 법칙을 제대로 이해하려면 사실 고등학교 수준의 수학을 알아야 합니다. 하지만 이 책은 초등학생도 이해할 수 있도록 쉽게 만들어졌습니다. 초등학교 수학만으로도 위대한 낙하 법칙을 이해할 수 있도록 친절하게 설명하였지요.

수학을 좋아하는 영재 소년 자모스와 함께 피사 왕국으로 날아가면 수학 토론에 열을 올리고 있는 동갑내기 레이 왕과 그의 어머니인 소피아, 투덜거리는 마법사 매직스를 만날 수 있습니다. 그들과 함께 재미있는 수학과 물리학의 문제를 풀다 보면 어느새 까다로운 수학과 물리학의 문제에 푹 빠진 나를 발견할 수 있을 것입니다.

낙하 법칙을 제대로 알기 위해서는 많은 개념들이 필요합니다. 그 중 가장 중요한 게 평균 속력과 순간 속력의 개념입니다. 그래서 이 책의 앞부분은 속력의 개념을 설명하고 있습니다. 그리고 중반부와 후반부에서는 삼각형의 닮음 이론을 이용해 경사면을 따라 내려오는 물체의 운동, 낙하 운동, 위로 던진 물체의 운동, 포물선 운동, 진자의 운동을 다루었습니다.

이 책은 수학과 물리학의 완벽한 조화를 표현하고자 했습니다. 즉, 수학의 여러 개념을 통해서 물리학의 중요 법칙 중의 하나인 낙하 법칙을 이해하는 것이 목적이지요.

이 책을 읽다 보면 수학이 과학에 어떻게 적용되는지를 알 수 있으며, 또 반대로 과학 법칙에 얼마나 많은 수학적 개념이 사용되었는지도 알 수 있을 것입니다.

이 책은 과학과 수학을 융합한 문제를 다루는 만큼 대학 수학 능력 시험의 응용 수학 문제 해결에도 큰 도움을 줄 수 있을 것이라는 생각이 듭니다. 또한 수학을 이용해 과학 법칙을 이해하는 과정은 새로운 과학 이론을 만들어 내는 데 도움이 될 것이라 생각합니다.

끝으로 이 책을 쓰도록 격려해 주신 자음과모음의 강병철 사장님과 편집부를 비롯해 모든 출판사 분들께 감사의 마음을 전합니다.

진주에서 정완상

# 등장 인물

## 자모스

**특징** * 초등학교 6학년, 수학 영재
**좋아하는 것** * 수학 문제 풀기
엄청난 호기심의 소유자. 어려운 수학 문제, 남들이 쉽게 풀지 못하는 수수께끼에 도전하는 것을 좋아하며, 답이 나올 때까지 끈질기게 매달리는 끈기도 있다. 아는 것을 남들에게 이야기하고 토론하는 것을 좋아하는데, 워낙 잘났다 보니 아는 척, 잘난 척이 지나칠 때가 많다.

## 레이왕

**특징** * 13세
**좋아하는 것** * 야구, 사건 해결하기
어린 나이에 왕위에 올라 짐짓 위엄 있는 척하는 어린 왕. 야구를 누구보다 좋아하고, 모르는 것을 그냥 지나치지 않는다. 매일 어른들하고만 있다가 또래인 자모스가 나타나 같이 다니게 되자 굉장히 좋아한다.

**소피아**

**특징** * 레이 왕의 어머니

**좋아하는 것** * 암산하기

어린 레이 왕 곁에서 조언을 해 주는 친구 같은 어머니. 어린 왕을 위해 모든 것을 다 잘 알아야 한다는 강박증이 있어서 누가 옆에서 잘못을 지적하는 것을 참지 못한다.

**매직스**

**특징** * 나이 50대의 왕궁 전속 마법사, 백작.

**좋아하는 것** * 마법 구슬

나이 어린 왕과 잘난 척하는 자모스가 좀처럼 맘에 들지 않으나 그렇다고 티를 내지는 못하고, 혀를 차거나 딴지를 걸며 스트레스를 푼다. 자신이 마법사임을 굉장히 자랑스러워하며 마법 구슬을 소중히 가지고 다닌다. 그러나 정작 마법은 그리 신통치 않다.

# 갈릴레이의 수상한 초대

내 이름은 자모스. 열두 살의 초등학교 수학 영재반 학생이다. 하지만 이건 엄마가 좋아하는 아들 소개형 문구에 불과하다. 간혹 애들 사이에서 '수학 천재', '수학 도사', '척척박사' 등으로 불릴 때도 있지만, 친구들이 더 많이, 자주 부르는 별명이 있다. 그건 바로 '꼬끼오'다. 난데없이 웬 닭 울음소리냐고? 그건 이렇게 떼어서 발음해 보면 알게 된다.

'꼭 끼어.'

눈치 없이 여기저기 막 끼어드는 데다, 아무도 묻지 않는 문제를 선생님께 질문해서 아이들 눈총을 사거나, 아이들이 기피하는 수학 문제에 매달린다고 해서 붙은 별명이다.

사실 내겐 남과는 좀 다른 독특한 버릇이 있는데, 그건 답을 모르는 수학 문제는 풀릴 때까지 잠도 자지 않고 매달리는 것과, 골똘히 생각하느라 어디서든 고개를 숙이고 바닥을 보며 걷는 것이다. 사실 바닥을 보고 다니다가 다른 사람과 부딪히거나 전신주를 박아 머리에 혹을 달고 산 날이 부지기수다.

하지만 그날은 달랐다. 그날 집으로 돌아가던 중 길에 떨어진 최신형 스마트폰을 발견한 나는 잽싸게 그것을 주워 들었다. 생김새는 스마트폰이랑 꼭 닮았는데, '싸이폰'이라는 촌스러운 로고가 상단에 붙어 있었다. 다른 휴대폰과는 달리 달팽이 뿔처럼 양쪽에 수신기도 매달려 있었다. '이걸 어쩌지?' 막상 주워 들고 보니 뒤처리가 곤란했다. 무작정 다시 버릴 수도 없어서 일단 가지고 있기로 했다.

'주인에게 전화가 걸려오면 그때 돌려줘야지.'

그 순간 전화에서 수상한 알림 음이 들렸다. 나는 화면 보호 기능을 해제했다. 화면에 갈릴레이의 얼굴이 나타나더니, 얼굴이 화면 밖으로 튀어나와 3차원 홀로그램 영상으로 바뀌었다.

"앗! 갈릴레이 할아버지? 설마!"

나는 기절할 듯이 놀랐다. 갈릴레이가 입을 열었다.

"쯧, 그동안 속고만 살아왔나 보구나. 나는 갈릴레오 갈릴레이다. 그대가 수학을 좋아한다는 자모스인가?"

"네, 그런데요?"

"흠, 버릇은 좀 없구나. 그대를 피사 왕국으로 초대한다!"

"왜, 왜요? 거기가 어딘데요? 제가 왜 그곳으로 가야 하죠?"

나는 한 발 물러서며 물었다. 여차하면 냅다 뛸 생각이었다.

"자모스는 호기심이 많은 수학 영재라던데, 이 정보가 맞는 건가? 네 얼굴을 보니 그다지 영특해 보이지 않아서, 나 또한 피사 왕국으로 너를 이끌어야 할지 고민이 되는구나. 네가 열두 살 자모스가 틀림없느냐?"

갈릴레이는 의심이 가득한 목소리로 다시 물었다.

"네, 자모스가 맞습니다!"

나는 똑똑해 보이려고 또박또박 큰 소리로 대답했다.

"에잉, 정보 프로그램을 교체하든가 해야지, 이거야 원. 수학 천재 갈릴레이와 수학 여행에 오르려면 나와 함께 가자꾸나. 뭐, 거절해도 상관없다만. 여간해서는 수학 여행에 재미를 느끼기 어렵거든. 어려운 수학 문제를 놓고 겨뤄야 할지도 모른다!"

갈릴레이가 이렇게 엄포를 놓았다.

수학 여행을 한다는 말에 내 눈이 반짝였다.

"예엣, 그런 거라면 얼른 가야죠! 진작 그렇게 말씀하시죠. 이 자
모스 정도는 돼야 그런 여행에서 재미를 느낄 거라고요!"

내 말에 갈릴레이가 헛기침을 했다.

"그러다가 큰코다치는 수가 있어. 하여튼 휭하니 떠나 보자꾸나!"

갈릴레이의 눈이 붉게 변하더니, 붉은빛이 오로라처럼 떠돌면서
내 주위를 휘감았다. 빙빙 도는 붉은빛에 어지럼증을 느낀 나는 이
내 눈을 질끈 감았다.

# 1. 달리기 시합, 1등은 누구?

　나를 휘감았던 어지럼증이 사라지고, 어딘가에 도착한 느낌이 들었다.

　나는 꼭 감았던 눈을 살며시 떠 보았다. 어느새 갈릴레이 할아버지는 사라지고 나 홀로 남아 있었다.

　내가 서 있는 곳은 높이가 100미터 정도 되는 언덕의 꼭대기로, 언덕 아래 커다란 호수가 있었다. 그런데 호수 주위에 중세의 복장을 한 사람들이 모여 있는 게 보였다.

　'도대체 여기가 어디지? 아뿔싸! 중세의 사람들이라니!'

　나도 모르게 발길이 그곳으로 향하고 있었다. 혹시 내게 적의를 가진 사람들이라면 뭔가 나를 보호할 게 필요했다. 난 주머니 속을 더듬었지만 아까 주머니에 넣었던 휴대폰 말고는 손에 잡히는 게 없었다. 가방 속에 무엇이 있나 기억을 더듬었지만, 특별히 나를 보호할 무기는 없었다. 작게 한숨이 나왔다.

그때 누군가의 말이 들렸다.

"누가 우승할까?"

작은 원탁을 앞에 두고 세 사람이 심각한 얼굴로 앉아 있는 게 보였다. 가운데에 앉은 내 또래의 사내애가 금관을 쓰고 화려한 가운을 걸치고 있는 것으로 보아 왕인 것 같았다. 그들은 무언가에 열중해 있다가 일제히 나를 바라보았다.

"물리학을 좋아한다면 여기에 와서 앉아요."

역시 금관을 쓰고서 왕의 왼쪽에 앉아 있는 여인이 손짓해 불렀다. 나는 조심스럽게 다가가 앉으려고 했으나, 의자가 세 개뿐이라 빈자리가 없었다. 내가 멋쩍은 얼굴로 서 있는데, 갑자기 의자 하나가 요술같이 나타났다. 물리학을 좋아하는 터라 자리에 앉긴 했지만, 도대체 정체를 알 수 없는 사람들이었다.

"당황할 것 없어요. 나는 왕의 어머니이자 보호자인 소피아예요. 그리고 이 사람은 왕국의 마법사인 매직스 백작으로, 당신에게 의자를 선사한 사람이에요. 무엇이든지 만들어 낼 수 있는 마법 구슬을 가졌지요."

나는 매직스에게 가볍게 목례했다. 매직스는 인사 대신 뻐기듯이 투명한 작은 구슬을 가볍게 쓰다듬었다. 첫인상이 그리 좋은 인물은 아니었다.

"그리고 이분은 피사 왕국을 다스리는 레이 왕이랍니다."

나는 레이 왕에게 가볍게 손을 흔들었다.

"감히 피사 왕국의 왕께 그런 결례를 범하다니요. 정중히 예를 갖춰 인사를 드려야지요."

소피아가 단호한 목소리로 말하자, 레이 왕이 손사래를 쳤다.

"그만두세요, 어머니. 우리 왕국의 손님인 데다 제 또래인걸요. 우리, 친구로 지냈으면 해."

레이 왕의 말에 소피아는 못마땅한 표정을 지었다가, 할 수 없다는 듯 고개를 흔들었다. 매직스는 구슬을 쓰다듬으며 "쯧." 하고 혀를 찼다. 레이 왕만 얼굴 가득 함박웃음을 지으며 나를 반겼다. 나는 일어서서 허리를 90도 각도로 굽히고 정중히 인사했다.

"나는 자모스라고 해. 만나서 반갑고, 불청객을 환영해 줘서 고마워."

내 말에 다시 매직스가 혀를 찼는데, 아무래도 그건 그의 버릇인 것 같았다.

"우승자를 알아맞히시는 것 같더군요? 오늘 여기에서 무슨 대회라도 열리는 건가요?"

"여기 스피디아 마을에서 달리기 대회가 있어서 축하해 주러 온 거랍니다. 달리기 대회 우승자에게는 왕이 월계수 관을 씌워 주는 전통이 있기 때문이지요."

소피아가 다정한 목소리로 말했다.

"저 아래 보이는 호숫가에서 달리기 시합이 열릴 거야, 쯧."

매직스가 호숫가를 가리켰다. 뜻밖에도 참가자는 단 세 명으로 일바노, 이바노, 삼바노라는 이름의 형제였다. 올림픽 마라톤 정도의 대회를 생각했던 나는 참가자가 달랑 세 명인 달리기 대회에 적잖이 실망했다.

그런데 시간이 흘러도 시합이 시작될 기미가 보이지 않았다.

"시합은 언제 시작되지요?"

"시작하기로 한 시간에서 벌써 두 시간이나 지났어요."

"그러면 참가자가 세 선수 말고도 더 있는 건가요? 아직 선수가 오지 않아서 시합이 늦어지는 건가요?"

내 물음에 소피아가 한숨을 쉬며 말했다.

"시합의 룰을 정하지 못해 그런답니다. 참가자 세 사람의 의견이 제각각인 데다 세 선수가 다 고집불통이라서요. 일바노는 단거리 선수라 한 바퀴만 돌아야 한다고 주장하고, 장거리에 능한 삼바노 는 열여덟 바퀴 말고는 자기에게 불리한 시합이라 받아들이기 어렵다고 주장하고 있어요. 이바노는 대충 다섯 바퀴면 되지 않겠느냐며 투덜거리고 있지요. 세 사람은 형제이긴 하지만 앙숙이라 한 치도 양보하질 않아요. 과연 오늘 해가 떨어지기 전에 시합을 시작하기는 할 건지……."

"달리기 시합 자체를 없애 버리면 될걸 말이에요, 쯧."

매직스가 불만스러운 말투로 구시렁거렸다.

세 선수는 물러서지 않고 제각기 자신의 주장만을 내세웠다. 이러다간 날이 새도 시합을 시작할 수 없을 것 같았다.

"그건 안 될 말이에요. 대대로 이 달리기 시합을 해 온 우리 왕국의 전통을 깰 수는 없지요. 아무래도 우리가 나서서 해결해야겠군요."

레이 왕이 나섰지만 딱히 해결책이 있지는 않은 눈치였다.

'이런 이런, 달리고 싶은 만큼 달리게 하면 되잖아? 거리만 알면 간단한데, 이걸 갖고 고민하고 있다니!'

이렇게 생각한 나는 호수의 둘레가 몇 미터인지를 물었다.

매직스가 못마땅한 얼굴로 자리에서 일어나 언덕 아래로 마법 구슬을 던졌다. 마법 구슬은 인공위성처럼 호수를 한 바퀴 돈 다음 다시 매직스의 손으로 돌아왔다. 마법 구슬이 잰 호수의 둘레는 정확히 400미터였다.

"고집이 센 사람들이라 주장을 굽히기는 힘들어 보이는군요. 그러니까 각자 뛰고 싶은 만큼 뛰라고 해요!"

내 말에 소피아가 고개를 가로저었다.

"그러면 공정한 게임이 아니잖아요? 달리기 대회는 같은 거리를 뛰어서 가장 빨리 들어온 사람을 우승자로 결정해야 하는데……."

나와 소피아를 번갈아 보던 레이 왕은 한숨을 내쉬더니 진행 요원에게 각자 뛰고 싶은 만큼 뛰라고 명령을 내렸다. 세 참가자는 자신의 주장이 받아들여져 흡족해하며 당장 달릴 기세였다.

"잠깐만요! 시간을 재려면 세 개의 스톱워치가 필요해요. 매직스 백작님, 부탁드려요!"

매직스가 나에게 눈을 흘기며 구슬을 다시 던졌다. 구슬이 세 개로 나뉘어 점점 커지더니 원반으로 변했다. 세 개의 원반은 색깔이 서로 다른 스톱워치였다.

"횡하니 달려서 내 실력을 보여 주겠어!"

일바노가 달리기 시작하자 붉은색 스톱워치가 작동했고, 그에 뒤질세라 이바노도 출발했다. 녹색 스톱워치가 작동했다. 일바노가 1바퀴를 돌자 붉은색 스톱워치가 작동을 멈췄다. 그와 동시에 삼바노가 출발했고, 노란색 스톱워치가 작동했다. 이바노는 5바퀴를 돌고 골인했고, 이제 18바퀴를 도는 삼바노 혼자 호숫가를 달리고 있었다.

10바퀴가 넘도록 혼자 달리던 삼바노가 갑자기 방귀를 뀌면서 이전보다 더 빨리 달리기 시작했다. 방귀 소리가 요란했다. 마치 터보엔진을 단 것 같아서, 나는 웃음이 터질 뻔했다.

"방귀를 뿜으면서 달리는 건 반칙 아닌가?"

일바노가 기분 나쁜 표정으로 딴지를 걸었다.

"생리적 현상이니 뭐라고 하겠어? 그걸 반칙이라고 말할 수는 없지. 방귀 뀌면서 달리면 안 된다는 규칙은 없잖아?"

이바노의 말에 일바노는 어쩔 수 없이 수긍하는 기색이었다. 드디어 18바퀴를 모두 돈 삼바노가 골인하면서 마지막 노란색 스톱워치가 멈췄다. 세 사람의 기록은 다음과 같았다.

드디어 우승자를 가릴 시간이 왔다.

"이거야 원, 서로 다른 거리를 뛰었는데, 누가 빠른지를 어떻게 정한담?"

레이 왕이 골치 아프다는 표정을 지었다.

"제가 보기에는, 방귀를 뀌긴 했지만 발이 보이지 않을 정도로 빨리 달린 삼바노가 우승자가 아닐까요?"

소피아가 조심스럽게 말했다.

"네. 제가 보기에도 삼바노가 제일 빨랐습니다. 그러면 삼바노를 우승자로 결정할까요?"

매직스가 거들었다. 그냥 보기에도 우승자가 누구이든 관심 없고, 얼른 이 행사를 끝내려는 의도가 역력했다.

"아니, 아니죠. 그건 과학적이지 않아요!"

나는 손을 내저으며 말했다.

"셋이 같은 거리를 달리지 않았으니 어떻게 비교할 수가 없잖아! 그러니 그냥 삼바노를 우승자로 결정하시는 게……."

나를 보는 매직스의 눈초리가 사나워졌다.

"잠깐만, 매직스 백작! 자모스에게 방법이 있는 것 같으니, 그게 뭔지 들어 보고 결정하겠어요."

"사실 나눗셈을 사용하면 어렵지 않게 우승자를 가릴 수 있어요."

내 말에 레이 왕이 믿기 어렵다는 듯 어깨를 으쓱거렸다.

나눗셈은 분배할 때
사용하는 거 아니야?

"나눗셈은 어떤 양의 물건을 여러 사람이 나누어 갖기 위해 한 사람이 가질 몫을 구할 때 사용하는 것 아니야? 예를 들어, 만두가 15개 있는데 세 사람이 똑같이 나누면 한 사람이 몇 개의 만두를 먹게 되는가 하는 문제일 때, $15 \div 3 = 5$가 되니 '한 사람이 먹는 만두의 개수는 5개이다.'라고 답하는 것처럼 말이야."

나는 속으로 웃음이 터질 것 같았지만 애써 참고 세 사람에게 새로운 질문을 던졌다.

"두 사람이 만두 빨리 먹기 시합을 한다고 해 보죠. 두 사람이 같은 개수의 만두를 먹으면 시간이 적게 걸린 사람이 만두를 빨리 먹은 사람이지요. 하지만 두 사람이 서로 다른 개수의 만두를 먹을 때는 얘기가 달라져요. 도도 군과 두두 양이 만두 빨리 먹기 시합을 한다고 해 보죠. 도도 군은 3분 동안 15개의 만두를 먹었고, 두두 양은 5분 동안 20개의 만두를 먹었어요. 누가 만두를 더 빨리 먹었죠?"

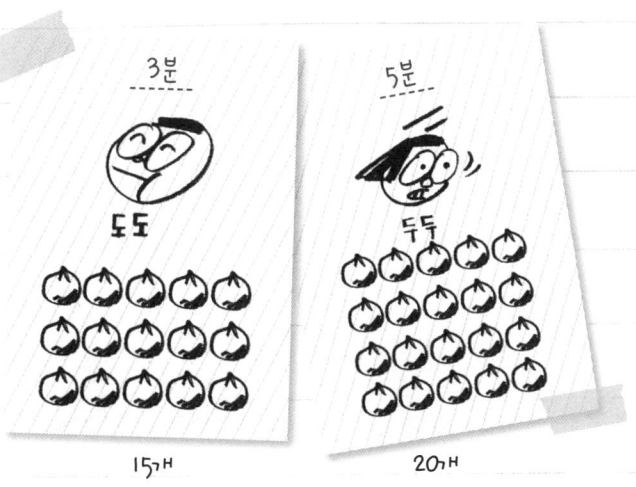

"도도 군이에요."
소피아가 재빨리 대답했다.

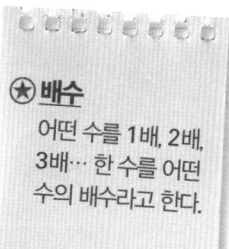

3과 5의 ★배수 중 3과 5 모두의
배수가 되는 제일 작은 수를 찾아요.
이것이 최소 공배수예요.

"물론 두 사람이 먹은 만두의 개수도 다르고 만두를 먹는 데 걸린 시간도 달라요. 이럴 때는 같은 시간 동안 만두를 더 많이 먹은 사람이 만두를 더 빨리 먹은 사람이에요. 3과 5의 최소 공배수는 15

이니까 두 사람이 15분 동안 먹은 만두의 개수를 비교할 수 있어요. 도도 군은 3분 동안 15개의 만두를 먹었으니까 15분 동안에는 15×5=75(개)의 만두를 먹을 수 있고, 두두 양은 5분 동안 20개의 만두를 먹었으니까 15분 동안에는 20×3=60(개)의 만두를 먹을 수 있어요. 그러니 도도 군이 우승자이지요."

나는 천천히 고개를 끄덕였다.

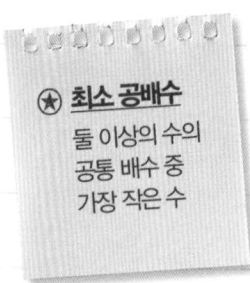

★ **최소 공배수**
둘 이상의 수의
공통 배수 중
가장 작은 수

"★ 최소 공배수를 사용하는 것도 좋은 방법이지요. 하지만 그것 말고도 다른 방법으로 도도 군이 우승자라는 것을 알 수 있어요."

"나눗셈을 사용해서?"

레이 왕의 물음에 나는 고개를 끄덕였다.

"소피아 님은 같은 시간으로 3분과 5분의 최소 공배수인 15분을 이용했어. 하지만 같은 시간을 1분으로 놓고 누가 더 많은 양의 만두를 먹었는지 알아낼 수도 있어. 도도 군은 3분 동안 15개의 만두를 먹었으니까, 1분 동안 15÷3=5(개)를 먹은 것이지. 한편 두두 양은 5분 동안 20개의 만두를 먹었으니까, 흠, 1분 동안에는 20÷5=4(개)의 만두를 먹은 거지. 두 사람이 1분 동안 먹은 만두 개수를 비교하면 도도 군이 1개 더 많으니, 도도 군이 만두를 더 빨리 먹은 사람이야. 이렇게 도도 군이 승자임을 알 수 있어. 즉, 먹은 만두의 개수를 만두를 먹는 데 걸린 시간으로 나눈 값을 비교하면 누가 만두를 빨리 먹는지 알 수 있지."

같은 시간을 1분으로 선택하면 돼요.

내 얘기에 고개를 끄덕인 레이 왕이 물었다.

"오늘 달리기 경기에서 승자를 결정하는 데에도 나눗셈을 사용할 수 있을까? 각자 다른 거리를 달린 세 사람의 빠르기를 비교해서 결정해야 하잖아?"

"물론이지! 다만 만두의 개수 대신 여기에선 거리를 이용해야 되겠지. 예를 들어 도도 군과 두두 양이 달리기하는 경우를 생각해 봐. 도도 군은 100미터를 10초에 뛰었고 두두 양은 200미터를 25초에 뛰었다고 할 경우, 두 사람 중 누가 더 빠를까? 소피아 님, 최소 공배수를 이용해 설명해 주실래요?"

나는 셈이 빠른 소피아에게 계산을 부탁했다.

"오케이. 10초와 25초의 최소 공배수는 50초예요. 도도 군은 10초 동안 100미터를 달렸으므로 50초 동안에는 $100 \times 5 = 500$(미터)

를 달린 셈이고, 두두 양은 25초 동안 200미터를 달렸으므로 50초 동안에는 $200 \times 2 = 400$(미터)를 달린 셈이에요. 50초 동안 달린 거리가 도도 군이 더 기니까 도도 군이 더 빨라요."

10의 배수는
10, 20, 30, 40, 50, 60, ⋯⋯
25의 배수는 25, 50, 75, ⋯⋯

소피아가 만족스러운 표정을 지으며 말했다.

"매직스 백작님, 이번에는 두 사람이 1초 동안 달린 거리를 비교해 주시겠어요?"

내 부탁에 매직스의 얼굴이 잠시 일그러졌다. 불만스러운 감정이 목소리에 그대로 묻어났다. 갑자기 나타나 자기들 일을 마구 휘젓는 내가 마음에 들지 않는 모양이었다.

하지만 나는 재미있는 수학 계산에 마음이 쏠려 있어서 그쯤은 아무렇지도 않았다.

"도도 군은 10초 동안 100(미터)를 달렸으니까 1초 동안에는 $100 \div 10 = 10$(미터)를 달린 거지. 두두 양은 25초 동안 200미터를 달렸으니까 1초 동안에는 $200 \div 25 = 8$(미터)를 달린 거야. 그러니 1

초 동안 달린 거리가 더 긴 도도 군이 더 빠른 거야, 쯧."

전광석화 같은 매직스의 대답이었다.

"자, 이렇게 달린 거리를 달리는 데 걸린 시간으로 나눈 값을 서

로 비교하면 누가 빠른지 결정할 수 있겠죠? 이제 달리기 시합의 우승자를 결정해야 할 시간이에요!"

내가 말했다.

그사이에도 사이 나쁜 삼형제는 서로 자신이 우승자라며 큰 소리로 다투고 있었다. 얼른 우승자를 결정해야 소란이 사그라질 것 같았다.

"이런 이런, 빨리 우승자를 가려야겠군요! 그래야 소란스러운 자리를 벗어날 수 있을 것 같아요. 레이 왕께서 이 자리에 계시는데도 저처럼 다투다니! 정말 예의 없는 형제들이군요. 음. 일바노는 400미터를 달리는 데 40초가 걸렸고, 이바노는 2000미터를 달리는 데 4분 10초가 걸렸고, 삼바노는 7200미터를 달리는 데 13분 20초가 걸렸어요."

소피아가 재빨리 세 참가자에 대한 데이터를 정리했다.

"복잡해!"

매직스가 골치 아픈 표정을 지었다.

"시간의 단위를 통일하면 간단해져요! 1분은 60초이므로, 4분 10초는 250초이고 13분 20초는 800초가 되지요. 그러면 우리는 참가자가 1초 동안 움직인 거리를 비교해 보면 돼요."

내 대답에 매직스가 흘깃 나를 바라보는 게 느껴졌다. 뭐, 좋은 느낌은 아니었다. 내가 선생님에게 빠르게 대답하거나, 1초 만에 정답을 맞혔을 때 나를 보는 아이들의 눈초리와 비슷했다.

다시 소피아가 나섰다.

"일바노가 400미터를 달리는 데 40초가 걸렸으니까, 1초 동안 달린 거리를 비교하려면 400을 40으로 나누면 되겠군요! 그러면 400÷40=10이니까 일바노는 1초에 10미터를 달린 셈이에요."

"네, 맞아요. 이렇게 달린 거리를 걸린 시간으로 나누면 1초 동안 달린 거리를 계산할 수 있어요. 이바노는 250초 동안 2000미터를 달렸으니, 2000÷250=8로 1초 동안 8미터를 달렸군요."

"삼바노는 7200미터를 달리는 데 800초가 걸렸고 7200÷800=9 이니까 1초 동안에는 9미터를 달린 셈이에요."

이렇게 소피아와 내가 주거니 받거니 계산을 했다.

"흠, 그러면 일바노가 1초 동안 가장 긴 거리를 달렸으니, 일바노가 우승자이군요!"

레이 왕이 기뻐하며 말했다. 나도 빙그레 웃음이 났다.

레이 왕이 일바노에게 월계수 관을 씌워 주었다. 이바노와 삼바노는 자신들이 더 긴 거리를 달렸는데도 고작 한 바퀴밖에 뛰지 않은 일바노에게 우승자 칭호를 준 것을 인정하지 못하는 분위기였다. 계속 투덜대는 다른 형제들에게 일바노가 버럭 소리를 질렀다.

"조용히 하지 못해! 시합에서 졌으면 입을 다물어야지, 왜 그리 말들이 많아?"

그러면서 일바노는 머리에 씌워진 월계수 관을 만족스럽게 쓰다듬었다. 삼형제가 집으로 돌아가면서 큰 소리로 다투는 소리가 쩌렁쩌렁하게 울렸다.

그 모습을 본 우리들은 어이가 없어서 마주 보고 웃을 수밖에 없었다.

한바탕 소란이 가라앉은 뒤 소피아가 제안을 했다.

**"나눗셈으로 우승자를 결정하는 방법이 효율적인 것 같아요.** 1초 동안 사람마다 얼마나 긴 거리를 달렸는지 비교하면 되니까요. 이것에 이름을 붙이고 필요할 때마다 쓰면 참 좋을 것 같아요."

달리는 데 필요한 빠른 힘이니까 '속력'이라고 불러요!

> ★ **속력**
> 단위 시간 동안 이동한 거리로 물체의 빠르기를 나타내는 양

나는 '빠르다'는 뜻을 가진 '속'을 넣어서 '★ 속력'이라는 용어를 사용하자고 주장했다. 레이 왕은 내가 문제 해결에 가장 큰 공을 세웠으니 그 제안을 받아들이겠다고 말했다. 그리하여 1초 동안 8미터를 달렸을 때 '속력'을 '초속 8미터'라고 말하기로 약속했다.

"영어를 사용하는 나라가 많으니, 다른 나라에서도 알기 쉽도록 영어로도 단위를 정하면 좋을 것 같아요."

소피아였다.

"m/s라고 하면 어떨까요? m은 거리의 단위인 미터이고 s는 시간

의 단위인 초예요. '미터 퍼 세크'라고 읽으면 되지요."

내 말에 레이 왕이 "s가 왜 시간의 단위가 되는 거야?"라고 물었다.

"초는 영어로 second거든. second의 맨 앞 철자인 s가 바로 초를 나타내는 거야. 그러니까 **속력이 10m/s라는 것은 1초에 10미터를 간다는 의미이지. 이것을 '초속 10미터'라고도 표현할 수 있어.**"

"그렇군."

레이 왕이 환하게 웃으며 고개를 끄덕였다. 우리 반 애들과 달리, 왕은 친절한 내 설명에 아주 기뻐해 주었다. 이런 왕과 친구가 된 게 나도 즐거웠다. 물론 심술통 매직스의 고약한 표정이 좀 마음에 걸리기는 하지만, 그쯤은 그냥 무시하기로 했다. 그보다는 수학 문제를 풀어 낸 기쁨이 훨씬 컸기 때문이다.

이렇게 우리는 나눗셈의 원리를 이용해 속력을 정의하는 데 성공했다.

# 속력의 단위는 초속인가, 시속인가?
## 시간의 단위가 이름을 결정한다.

속력의 단위에는 '초속 몇 미터'와 더불어 '시속 몇 킬로미터'도 자주 사용되지요.

버스나 자동차의 속력은 '시속 몇 킬로미터'로 나타냅니다. 시속은 한 시간 동안 움직인 거리를 말합니다. 즉, 버스의 속력이 '시속 60킬로미터'라고 하면 버스가 한 시간 동안 60킬로미터를 달린다는 뜻입니다.

'시속 몇 킬로미터'로 표현된 속력은 '초속 몇 미터'로도 나타낼 수 있습니다. 자전거가 시속 36킬로미터로 달린다면, 한 시간 동안 자전거로 36킬로미터를 달린다는 뜻이 됩니다. 36킬로미터를 미터로 고치면 36000미터이고 한 시간을 초로 고치면 3600초가 되므로 자전거는 3600초 동안 36000미터를 달린 셈이 됩니다. 나눗셈에 의해 자전거가 1초 동안 달린 거리를 구하면 초속으로 속력의 단위를 바꿀 수 있습니다.

$$36000 \div 3600 = 10(\text{미터})$$

따라서 '시속 36킬로미터'인 자전거의 속력은 '초속 10미터'로도 표현할 수 있습니다.

# 2. 필요한 것은 스피드

왕은 친구가 된 나를 왕국의 수도인 피레제 시로 데려갔다. 수학적 해결 능력이 뛰어나다며 나를 거듭 칭찬하는 바람에 좀체 빨개지지 않는 내 볼이 불그레 물들었다. 게다가 그의 진심이 그대로 느껴졌다. 참 좋은 친구였다!

왕은 자신들이 늘 벌이곤 하는 토론에 참여하라고 내게 권유했다. 나 때문에 문제 해결에 큰 진척이 있다며 아주 기뻐했다.

피레제 시는 아담한 도시로 반지름이 10킬로미터인 원형이었고, 그 중심에 왕궁이 있었다.

왕은 나에게 피레제 시의 구석구석을 보여 주고 싶어 했다. 왕궁에서 가장 화려한 마차를 타고 토론하면서 피레제 시를 돌아보자고 제안했다. 유람을 하면서 토론을 하다니, 정말 근사한 일이었다.

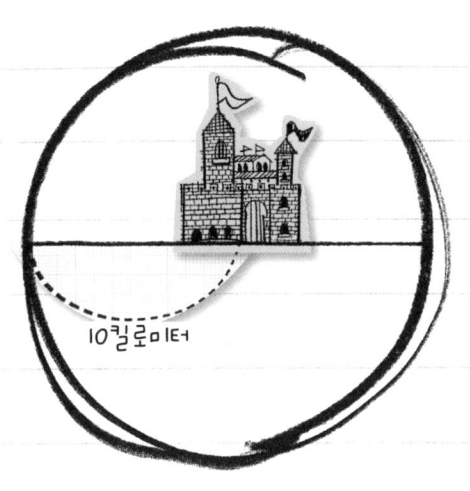

우리는 말 여섯 마리가 끄는 왕 전용 마차를 타고 피레제 시 구석 구석을 돌아다녔다. 작지만 무척 아름다운 곳이었다! 아라비아 궁전을 떠올리게 하는 둥근 지붕의 집들이 있는가 하면, 붉고 노란 벽돌을 올린 집들도 즐비했다. 아치 모양의 다리를 건너며 내려다본 피레제 시의 풍경은 마치 동화 나라에 온 것만 같았다. 이처럼 호화로운 마차를 타고 시내를 돌다니! 왕의 친구가 되는 것은 역시 특별한 일이었다.

특별히 정해 놓은 목적지가 없는 터라 마차는 한가롭게 시내를 돌았다. 마차가 시내를 벗어나 시골길로 접어들었다. 양쪽으로 너른 들판이 펼쳐진 큰 도로로 나서자, 마침내 마차가 속력을 내기 시작했다. 밖의 풍경들이 영화 필름을 감는 것마냥 빠르게 휙휙 지나갔다. 갑자기 쏜살같이 달리던 마차가 멈춰 서는 바람에 우리는 마차

에서 튕겨 나와 땅바닥으로 내동댕이쳐졌다.

"어이쿠."

"아이고, 아야."

"이게 무슨!"

우리는 간신히 일어나서 다친 데가 없는지 살폈다. 그때 마부가 달려와 레이 왕을 부축해 일으키면서 연신 사과의 말을 했다. 갑자기 눈앞에 무언가가 나타나 가로막는 바람에 어쩔 수 없이 급정거를 했다는데, 정작 마차 앞을 가로막은 물체는 보이지 않았다.

다들 갸우뚱거리는 사이, 나는 손가락으로 눈앞에 나타난 물체를 가리켰다.

"저게 뭐죠? 분명 좀 전에는 없었던 것인데!"

평지가 한없이 이어지던 곳에 갑자기 거대한 바위산이 나타나 눈 앞을 가로막은 것이었다.

"저, 저건, 혹시?"

소피아의 당황한 말소리가 들렸다.

"<u>흐흐흐</u>."

무언가가 재빠르게 우리 일행에게 날아오고 있었다. 주름이 자글 자글한 얼굴에 독수리의 몸통을 지닌 흉물스러운 괴물이었다! 소름 이 쫙 끼쳤다.

"역시 그럴 줄 알았어."

소피아가 혼잣말을 했다.

"도, 도대체 저 괴물은 뭐예요?"

나는 낮은 목소리로 소피아에게 물었다. 처음 있는 일이 아닌지 다들 예상했다는 얼굴빛이었다.

"저 괴물의 이름은 앤티스! 우리의 연구에 훼방을 놓는 괴물이지요."

소피아가 재빠르게 내게 속삭였다.

"왜 그러는 건데요?"

"그 이유는 우리도 잘 몰라요. 항간의 소문에 따르면 수천 년 전에에 세계적으로 알아주는 뛰어난 학자였는데 라이벌과의 경쟁에서 져서 벌을 받았다고도 하고, 앤티스가 하도 잘난 체하는 통에 나쁜 마법사가 화가 나서 괴물로 만들어 버렸다고도 해요. 이것 말고도 떠도는 소문이 많은데, 진실이 무엇인지는 아무도 모른답니다."

우리가 연구하는 걸 끔찍이 싫어해요.

소피아의 말에 나도 모르게 찔끔했다. 나도 잘난 체하다가 괴물로 변해 버리는 것은 아닌가 싶어서 순간 오금이 저렸던 것이다.

"감히 왕의 행차를 막다니! 방해하지 말고 썩 물러나라!"

레이 왕이 위엄 있는 목소리로 소리쳤다.

하지만 앤티스는 오히려 킬킬거리며 말했다.

"흐흐흐, 걱정 마라. 내기에 이기면 이곳을 지나가게 해 주지!"

그 목소리는 날카로운 손톱으로 칠판을 긁어내리는 것처럼 날카롭고 거슬려서 소름이 끼쳤다.

"저 엄청난 바위산을 어떻게 넘어가요? 한도 끝도 없이 높고 커 보이는 걸요?"

걱정이 된 내가 물었다.

"이그, 상대할 필요 없어요. 그냥 되돌아가요, 쯧."

매직스였다.

"아 참, 매직스 백작님이 마법을 쓰면 되잖아요! 책에서 보니 마법사는 거대한 바위도 순식간에 들어 올리고 작은 자갈로도 만들던 걸요!"

매서운 매직스의 눈초리를 보니 역시 또 눈치 없는 말이었나 보다. 자잘한 마법을 쓰는 것을 보니 마법사인 것은 확실하지만, 그다지 위대한 마법사는 아닌 것 같았다. 레이 왕이나 소피아나, 매직스의 마법으로 이 난관을 극복할 것이라고는 아무도 믿지 않는 것 같았다. 나는 심술통 매직스의 얄미운 입을 빨래집게로 집어주고 싶

마법사라면서요.

내가 못해서 안 하는 게 아니야!

었다. 할 수만 있다면 매서운 레이저 광선을 쏘는 눈도 좀 어떻게 하고 싶었다.

우리는 높이가 100미터도 넘는 거대한 바위산으로 사방이 에워싸여 있었다. 맥 빠지게도 아무 방법도 떠오르지 않았다. 서로 얼굴만 보면서 어색한 침묵이 흘렀다.

"어리석은 인간들, 흐흐흐."

앤티스가 날개를 힘차게 푸드덕거리더니 바위산을 향해 무서운 속력으로 날아갔다. 곧 바위산과 충돌할 것 같아서 아찔했다. 나는 눈을 감았다. 아무 소리도 나지 않아 슬그머니 눈을 떴더니, 앤티스가 지나간 자리에 긴 터널이 뚫려 있었다. 터널을 날아 다시 빠져나온 앤티스는 듣기 거북한 목소리로 말했다.

"이 앤티스 님이 너희들을 위해 터널을 만들었노라. 내기에서 이기다면 터널을 통과하게 될 것이다!"

매직스가 혀를 차는 소리가 들렸다.

"어떤 내기를 하자는 것이냐?"

레이 왕이 소리쳤다. 노한 목소리였다.

"흐흐흐. 초급 수준이란다. 한번 들어 보겠느냐?"

"그래, 한번 풀어 보도록 하지."

"아주 간단하다. 이 터널의 길이는 겨우 100미터! 마차를 타고 터널을 완전히 빠져나가는 동안 속력이 초속 2미터 이상이 되면 돼. 어리석은 너희들을 위해 이 앤티스 님이 아량을 베풀어 주마. 모두 세 번의 기회를 주겠다! 만약 세 번 모두 이 속력을 내지 못한다면!"

모두 침을 꿀꺽 삼켰다.

"그러면?"

"너희는 영원히 이곳에서 살아가게 될 것이다! 사방이 바위산으로 둘러싸인 이곳에서 평생을 보내야 할 거야!"

앤티스의 목소리가 온 세상을 뒤흔드는 것처럼 쩌렁쩌렁하게 울렸다. 나는 아예 귀를 틀어막았다. 앤티스는 뻘건 눈을 반짝이며 우리를 쳐다보고 있었는데 아주 혐오스러웠다. 앤티스의 마법에서 벗어나려면 내기에서 이기는 수밖에 없다. 하지만 이건 그리 어려운 문제가 아니다. 앤티스가 아무래도 우리를 얕본 것 같다. 아니, 나를.

"이거야, 원. 마차의 속력을 구하는 문제로군요. 마차가 달린 거리를 시간으로 나누면 되잖아요? 이거, 생각보다 간단한 문제 아닌가요?"

소피아의 말에 나는 고개를 끄덕여 맞장구를 쳤다. 이제 소피아는 속력에 대해 완벽하게 이해한 것으로 보였다.

"마차가 터널을 완전히 통과하는 데 걸린 시간을 재면, 마차가 달린 거리는 터널의 길이니까 마차의 속력을 알 수 있겠네요."

매직스도 수학적 두뇌가 나쁘지는 않은 것 같다.

터널의 길이는 모두 100미터. 승산이 아예 없는 건 아니었다. 하지만 그만큼 말들이 전속력으로 질주해야 했다.

첫 번째 시도, 바람의 저항을 줄이기 위해 우리는 마차를 터널 입구에 바짝 붙였다. 선두에 선 말이 당장이라도 터널 안으로 달려 들어갈 듯 무거운 콧바람을 내뿜었다. 매직스가 고삐를 쥐고 말들에게 힘차게 채찍질하는 순간, 나는 마차 칸에서 스톱워치의 버튼을

눌렀다. 여섯 마리의 말들이 무서운 속력으로 터널 안을 질주했다. 매직스는 연신 채찍을 휘둘렀다. 마차의 맨 끝이 터널을 완전히 빠져나가는 순간에 나는 스톱워치를 눌렀다. 5초.

"이 정도면 내기에서 이겼겠죠, 쯧."

매직스가 숨을 헐떡거리며 말했다.

"나눗셈으로 마차의 속력을 구해 보죠. 터널의 길이는 100미터이고 마차가 100미터를 달리는 데 걸린 시간은 5초이니까, 100÷5=20이 되어 마차의 속력은, 오 맙소사, 안 돼! 초속 20미터. 너무 늦어요!"

잽싸게 계산을 마친 소피아가 떨리는 목소리로 말했다.

다시 해야 했다. 말들에게 연신 채찍질을 하며 달렸지만 이번에도 기록은 똑같았다. 5초.

마지막 기회만 남았다. 이번에도 실패한다면 우리는 영영 이 바위 산에 갇혀 있어야 한다. 벌써 전속력으로 두 번 질주한 말들이 지쳐 보였다.

"잠깐. 말들이 쉴 시간을 주어야지? 전속력으로 달리기 위해서는 꼭 필요한 일이라고."

팔짱을 끼고 지켜보고 있는 앤티스에게 내가 말했다. 이대로 또 달렸다간 승부는 불 보듯 뻔한 일 아닌가. 앤티스는 못난 얼굴을 더 찌푸리더니 마지못해 고개를 끄덕였다.

말들에게 재충전의 시간을 주었다.

이제 남은 기회는 단 한 번. 만약 이 기회를 놓친다면 우리는 바깥세상과는 영영 이별이다. 다시 말고삐를 쥔 매직스의 얼굴이 결연해 보였다.

"매직스 백작님, 마지막 기회예요. 우리 파이팅 하자고요!"

내 응원에 매직스가 불끈 주먹을 쥐어 보였다. 늘 불만에 차 있던 그의 눈동자가 열의로 불타오르고 있었다. 결승점 통과!

"몇 초, 몇 초야?"

다급하게 매직스가 물었다. 5초. 나는 울 것 같은 얼굴로 입술을 질끈 깨물고 스톱워치의 숫자를 보여 줬다. 맥이 풀렸다.

모두 망연자실한 얼굴들이었다.

"이걸 어쩌죠? 초속 21미터 이상으로 달려야 한다고 했는데, 우린 세 번 다 초속 20미터였잖아요?"

소피아가 울먹이며 말했다.

이대로 포기할 수는 없었다. 나는 종이를 꺼내 다른 방법으로 마차의 속력을 계산해 보았다. 내가 고려하지 못한 다른 조건이 있는지를 생각하느라 내 머리는 더 빠르게 돌아갔다.

그때 홀연히 앤티스가 우리 앞으로 내려왔다. 소피아와 매직스가 레이 왕을 감싸는 게 보였다. 소피아의 눈에서는 눈물방울이 떨어질 것 같았다.

"분하지만 내가 졌다. 내가 너희에게 길을 열어 주마. 오늘은 이렇게 보내지만, 다음엔 어림없다!"

앤티스는 이 말만 남긴 채 날갯짓을 해 재빠르게 사라졌다. 그러자 눈잎에 보이던 바위산이 모두 사라지고 다시 드넓은 초원이 나타났다.

감격적이었다!

분하다.

"**우리가 왜 내기에 이긴 거지?** 앤티스가 내세운 조건을 맞추지 못했잖아?"

레이 왕은 이해가 되지 않는지 고개를 갸웃거렸다.

"아무래도 앤티스가 나눗셈에 서툴러서 우리의 속력이 초속 21미터 이상인 줄 알았나 봅니다. 쯧, 멍청한 괴물 같으니라고! 아무튼 우리가 이겼어요!"

매직스가 기뻐서 소리쳤다.

"그게 아니에요. 앤티스의 나눗셈은 틀리지 않았어요. 아주 정확해요!"

속력은 모두 초속 21미터 이상이었어요.

내 말에 소피아가 그럴 리 없다는 듯 눈썹을 치켜 올렸다. 앤티스의 계산이 틀리지 않았다는 말이 소피아의 자존심을 건드린 것 같았다.

**"애초에 우리가 식을 잘못 세웠어요.** 식을 제대로만 세웠어도 그처럼 고생하지 않았을 텐데……."

"그게 무슨 말이야?"

레이 왕이 물었다. 궁금증으로 눈이 동그래져 있었다.

"거리를 시간으로 나눈 게 속력이잖아? 식에는 아무 문제가 없는 것 같았는데, 그게 아니었나?"

레이 왕이 자신감 없는 목소리로 물었다.

"식에는 아무 문제가 없었어요. 대체 어디가 문제라는 거죠?"

소피아가 따지듯이 물었다.

"매직스 백작님, 제가 설명할 수 있도록 칠판 하나만 만들어 주세요."

힘든 위기를 함께 넘긴 탓인지, 매직스가 고분고분 작은 칠판을 만들어 주었다.

매직스도 왜 그런지 궁금해하는 게 틀림없었다. 나는 칠판에 그림을 그리면서 소피아가 처음 세운 식에 어떤 문제가 있었는지를 설명해 나갔다.

"마차가 처음 있었던 위치는 다음과 같아요."

나는 다음과 같은 그림을 그렸다.

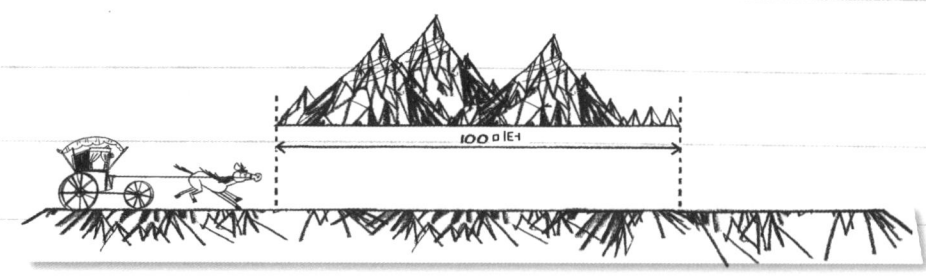

"그 다음 5초가 지났을 때 마차가 터널을 완전히 빠져나갔으니 다음 그림과 같이 되겠지요."

나는 두 번째 그림을 그렸다.

걸린 시간은 5초예요. 푸항힝.

세 사람은 뚫어져라 내가 그린 그림을 바라보고 있었다.

"자, 두 그림을 자세히 보세요. 마차가 과연 100미터를 움직였나요?"

"터널을 완전히 통과했으니까 터널 길이만큼 움직인 거잖아? 그런 거 아냐?"

레이 왕이 되물었다.

나는 고개를 저으며 다시 그림을 그려 나갔다.

"잘 봐. 우리는 마차의 길이를 고려하지 않았어. 다음 그림에선 마차의 앞부분을 잘 보았으면 해. 마차의 앞부분이 터널에 들어선 뒤 100미터를 달리면 다음 그림처럼 되잖아."

정확히 100미터만 이동했어요.

그림을 본 레이 왕이 놀라 소리쳤다.

"앗! 마차가 100미터를 달려서는 터널을 완전히 빠져나가지 못하는구나!"

"맞아. 마차가 완전히 빠져나가려면 마차의 길이만큼 더 가야 해."

나는 두 번째 그린 그림을 가리키며 말했다.

"터널의 길이에 마차의 길이를 더한 만큼 달려야 마차가 터널을 완전히 통과하는 거네."

레이 왕이 흥분한 목소리로 말했다.

"매직스 백작님! 마차의 길이가 얼마나 되죠?"

"글세, 모르겠는데, 쯧."

하여간 매직스는 내 물음엔 이렇듯 늘 못마땅해한다. 그렇다고 매직스를 닦달할 수도 없는 노릇이었다.

"얼른 길이를 재어야지요!"

레이 왕의 재촉에 매직스는 어쩔 수 없이 줄자를 만들어 마차의
길이를 쟀다. 꼭 10미터였다.

"그러니까 마차가 움직인 거리는 110미터이고, 걸린 시간이 5초
이므로 110÷5=22가 돼. 마차의 속력은 초속 22미터였지."

내가 얼굴에 환한 미소를 지으며 말했다.

"브라보. 앤티스가 실수한 게 아니라 우리 마차가 초속 21미터를
넘어섰던 거군."

신이 난 레이 왕이 두 손을 번쩍 들었다. 우리는 놀라운 팀워크로
앤티스의 공격에 대처했고, 그와의 첫 번째 내기를 승리로 이끌었다.
야호!

## 도전 -앤티스 퀴즈 1

피사 왕국의 궁전과 앤티스의 동굴은 서로 70킬로미터 떨어진 곳에 있습니다. 자모스 일행은 연구를 하기 위해 시속 4킬로미터로 궁전을 떠났습니다. 이 소식을 들은 앤티스는 연구를 방해하기 위해 시속 10킬로미터의 속력으로 동굴에서부터 날아왔습니다. 자모스와 앤티스는 몇 시간 후에 만나게 될까요?

# 3. 평균? 평균! 이것이 문제였군

일상에 숨어 있는 흥미로운 수학 문제를 푸는 피사 왕국에서의 생활은 정말 흥미롭고 즐거웠다. 아침에 침대에서 눈을 뜨면 '오늘은 무슨 문제가 나를 기다리고 있을까?' 하는 즐거운 기대감이 나를 설레게 만들었다. 왕궁 연회실에서 내오는 맛있는 음식들도 날 들뜨게 했다.

오늘도 우리는 왕궁 회의실에 모여서 새로운 주제를 놓고 토론하기로 돼 있었다. 나는 레이 왕과 소피아와 같이 차를 마시며 매직스를 기다렸다. 약속 시간에서 무려 10분이나 지나 있었다. 레이 왕은 불쾌한 표정은 아니있으나, 왕의 눈치를 보는 매직스가 약속 시간에 늦는 것은 처음 있는 일이었다. 나는 향기로운 차를 조금씩 입안으로 넘기면서 흘깃흘깃 문을 바라보았다. 내가 마지막 초콜릿

쿠키를 입에 넣는 순간 문이 발칵 열렸다. 매직스는 뭔가 안 좋은 일이 있는지 씩씩대며 들어왔다.

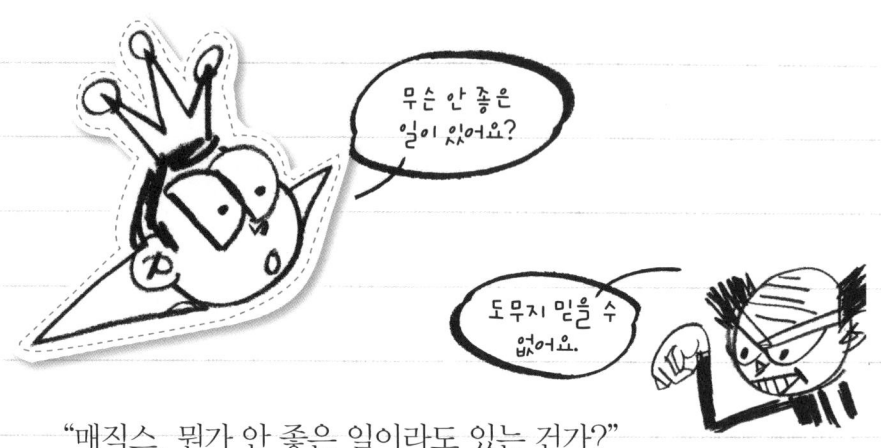

무슨 안 좋은 일이 있어요?

도무지 믿을 수 없어요.

"매직스, 뭔가 안 좋은 일이라도 있는 건가?"
레이 왕이 물었다.

"도대체 말이 안 돼요. 1등을 놓친 일이 없는 내 아들이 이번에는 2등이라니요! 왜 내 아들이 2등이라는 건지, 도무지 이해할 수가 없어요, 쯧."

오호라. 매직스는 자기 맘에 안 드는 일이 있을 때마다 혀를 차는 버릇이 있었던 거였다. 나는 그걸 알아차리고는 왠지 웃음이 나서 빙그레 웃었다. 매직스의 사나운 눈초리가 다시 내게 꽂혔다. 이런, 난 하여간 눈치코치 없다니까!

하지만 씩씩거리는 매직스의 표정이 하도 재미나서 나는 슬그머니 장난기가 발동했다. 매직스를 더 놀려 주고 싶었다.

"그거야 1등보다 못했으니까 2등이겠지요. 더 잘했으면 2등이겠어요?"

용용 죽겠지, 나는 매직스의 약을 바짝바짝 올렸다. 매직스의 분노 게이지가 한없이 상승하는 것을 지켜보자니 약간의 쾌감이 일었다.

"아드님이 시험을 쳤나 봐요?"

소피아가 매직스를 달래듯 부드러운 목소리로 물었다.

"네. 국어, 수학, 과학, 사회, 모두 네 과목 시험을 치렀지요. 내 아들은 국어가 92점, 수학이 95점, 과학이 94점, 사회가 91점이에요. 그런데 들쑤기라는 아이는 국어가 97점, 수학이 94점, 과학이 96점, 사회가 89점이에요. 굳이 계산하지 않아도 내 아들 성적이 들쑤기보다 좋잖아요? 그러니까 내 아들이 1등이 되는 게 당연한데, 2등이라니! 그게 말이 되나요? 쯧."

얼마나 흥분했는지 매직스의 목에 핏대가 서 있었다.

나는 속으로 재빨리 암산을 했다. 아무리 생각해도 매직스의 말에 동의하기는 어려웠다.

"왜 아드님 성적이 더 좋다고 생각하는 거죠? 무슨 이유에서인가요?"

내가 의아해서 물었다.

"당연한 걸 왜 물어 봐, 쯧. 내 아들의 점수는 모두 90점 이상이지만, 들쑤기는 네 과목 중 한 과목이 90점에 못 미치잖아. 그러니까 당연히 내 아들이 더 잘한 거고, 1등인 거지. 쯧."

매직스의 눈은 레이 왕에게 꽂혀 있었다. 동의를 구하는 눈초리였다. 놀랍게도 레이 왕이 고개를 끄덕이며 이렇게 말하는 것이 아닌가.

"매직스의 말에도 일리가 있군요. 그러면 성적 계산을 잘못한 건가?"

레이 왕은 그러면서 나를 바라보았다. 사람은 좋지만 역시 계산에는 약한 왕이었다.

"하지만 들쑤기가 1등인 게 맞아요!"

그렇게 생각하면 안 돼요.

내가 분위기에 찬물을 끼얹었다.

매직스가 나에게 달려들듯이 사나운 말투로 물었다.

"정말 그렇게 생각해? 무슨 근거로 그렇게 확신하는 거야? 쯧. 쯧. 쯧."

나는 괜히 움츠러들 것 같아서 가슴을 활짝 펴고 대답했다.

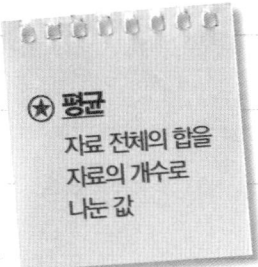

**★ 평균**
자료 전체의 합을 자료의 개수로 나눈 값

"아드님은 모두 네 과목의 시험을 치렀잖아요? 네 과목 시험을 치렀을 때 등수를 결정하기 위해서는 점수들의 ★ 평균을 비교해야 해요."

자신 있는 내 주장에 소피아가 호기심을 드러냈다.

"평균? 그건 어떻게 구하지요?"

나는 신이 나서 설명을 시작했다.

"두 수의 평균은 두 수의 중간에 있는 수예요. 예를 들어 3과 7의 평균은 3과 7의 중간에 있는 5가 되지요."

레이 왕이 물끄러미 쳐다보자, 매직스는 그 뜻을 알아차리고 마법으로 칠판을 만들었다.

"★ 수직선에 그리면 두 수의 평균은 두 수로부터 같은 거리에 있는 수가 되겠군요."

**★ 수직선**
일정한 간격으로 눈금을 표시하여 수를 대응시킨 직선

레이 왕은 다음과 같이 3과 7의 평균인 5를 나타냈다.

"바로 그거예요! 그러면 이번에는 두 수 $a$, $b$의 평균을 구하는 일 반적인 공식을 만들어 보죠."

내 얘기에 소피아가 방긋 웃으며 말했다.

"$a$가 $b$보다 작은 수라고 하고 두 수의 평균을 $x$라고 하면 $x$는 $a$보 다는 크고 $b$보다는 작은 수가 돼요."

"평균을 두 수로부터 같은 거리에 있는 수라고 정의하면 $a$와 $x$의 거리가 $x$와 $b$의 거리와 같아야 해요. 두 수 사이의 거리는 큰 수에 서 작은 수를 빼면 되니까……."

나는 이렇게 말하고 칠판에 다음과 같이 썼다.

$$x-a=b-x$$

방긋거리던 소피아의 얼굴이 난처한 표정으로 바뀌었다.

"이런, $x$를 어떻게 구하죠?"

소피아가 답을 구하듯이 나를 바라보았다.

"그때는 등식을 이용하면 돼요. 등호(=)가 있는 식을 등식이라고 하고, 등호 왼쪽에 있는 식을 좌변, 오른쪽에 있는 식을 우변이라고 하지요. 등식의 좌변과 우변을 합쳐서 양변이라고 하는데, 양변에 같은 수를 더하거나 빼거나 곱하거나 같은 수로 나누어도 등식은 달라지지 않아요."

내가 똑부러지게 설명했다.

우리는 양변에 $x$를 더해 보았다. 식이 다음과 같이 바뀌었다.

$$x-a+x=b-x+x$$

"우변은 $b$에서 $x$를 뺀 다음 다시 $x$를 더했군요. 뺀 것과 같은 수를 다시 더했으니까 우변은 $b$가 돼요."

나는 이렇게 말하고는 우변을 다음과 같이 바꾸었다.

$$x-a+x=b$$

이제 좌변을 정리하는 일이 남았다. 좌변을 이해하기 위해 우리는 $x$ 대신 10, $a$ 대신 3을 넣어 보았다. $10-3+10=10+10-3$이므로 자리를 다음과 같이 바꿀 수 있었다.

$$x+x-a=b$$

"$10+10=2\times10$이니까 $x+x=2\times x$라고 쓸 수 있어요."
소피아가 식을 고쳤다.

$$2\times x-a=b$$

"양변에 $a$를 더하는 것이 좋겠어요."
레이 왕이 내 설명을 금방 응용했다.

$$2 \times x = a + b$$

"앗! 양변을 2로 나누면 $x$를 구할 수 있어요."

소피아가 흥분한 목소리로 말하고는 다음과 같이 썼다.

$$x = (a+b) \div 2$$

"두 수의 합을 2로 나누면 두 수의 평균이 되는군요."

레이 왕 역시 흥분된 어조로 말했다. 우리는 이 공식을 이용해 3 과 7의 평균을 구해 보았다. (3+7)÷2=5가 되어 조금 전에 구한 값과 일치했다.

"내 아들은 두 과목이 아니라 네 과목 시험을 치렀어요. 그러니 두 수의 평균은 아무 의미가 없어요."

매직스가 부루퉁한 얼굴로 말했다. 자기가 불리한 게 느껴지는 모양이었다. 이번에는 우기기를 할 모양이었으나 그런 건 내게 통하지 않는다. 어림없다! 나는 차분히 설명을 이었다.

"여러 개의 수도 두 수의 평균처럼 정의할 수 있어요. 두 수의 평균이 두 수의 합을 2로 나눈 값이므로, 세 수의 평균은 세 수의 합을 3으로 나누면 되고, 네 수의 평균은 네 수의 합을 4로 나누면 돼요. 예를 들어 세 수 $a$, $b$, $c$의 평균을 $x$라고 하면,

$$x = (a+b+c) \div 3$$

이 되는 거죠."

내가 단호하게 말했다.

"그러니까 매직스 백작님 아드님의 점수 평균은 $(92+95+94+91)$ ÷4가 되지요. 이렇게 괄호가 있을 때는 괄호 안을 먼저 계산하라는 뜻이에요. 그러므로 평균은 372÷4=93이 돼요."

나는 조용하게 말했다.

"들쑤기의 점수 평균은 $(97+94+96+89) \div 4$가 되니까 괄호 안을 먼저 계산하면 376÷4=94가 되는군요."

소피아가 잽싸게 계산하고는 스스로 흡족해했다.

"맞아요. 이렇게 **여러 과목의 시험을 치렀을 때 점수들의 합을 과목의 수로 나눈 것을 점수들의 평균 또는 평균 점수라고 불러요.**"

나는 그 결과를 보라는 듯 계산식과 답을 쓴 칠판을 톡톡 두드렸다. 예상치 못한 결과가 나오자 매직스의 얼굴이 또 검붉게 변하고 있었다. 폭발 직전이었다! 다행히 레이 왕의 말이 이어졌다.

"그렇군요. 이렇게 계산해 보니 들쑤기의 평균 점수가 높군요."

레이 왕이 매직스의 검붉은 얼굴을 흘긋 보고는 똑바로 보라는 듯 손가락으로 칠판을 가리켰다.

"그래서 들쑤기가 1등이 되고 매직스 백작님의 아들이 2등이 된 거지요."

내 말에 매직스는 아무 말도 못하고 얼굴만 빨개졌다. 고개를 수 그리고 무언가를 생각하는 듯하더니, 매직스가 불쑥 물었다.

"계산 방법이 틀린 것 아닌가요? 네 과목 점수를 더한 값을 비교해도 되잖아요? 그런데 왜 과목 수로 나누는 거지요?"

끈질긴 매직스! 난 속으로 한숨을 내쉬었다. 여기도 부모가 아들 성적에 목을 매는 것은 똑같구나. 나는 조용한 목소리로 답해 주었다.

"물론 네 과목 점수를 더한 값을 비교해도 1등과 2등을 구별할 수 있지요. 하지만 우리는 100점 만점으로 비교하는 걸 좋아하잖아요? 그러기 위해서는 과목 수로 나누어 주어야 해요."

그때서야 매직스는 아들이 2등이라는 사실을 수긍하는 표정이었다. 기분이 썩 좋지는 않으나 받아들일 수밖에 없었다.

"기왕 이렇게 된 거, 오늘 아침의 토론 주제는 '평균'으로 정하는 게 어떨까요?"

소피아의 제안에 다들 동의했다.

'평균'에 대한 토론을 하기 위해서는 아무래도 카드가 필요했다. 매직스를 실컷 놀려먹은 나는 매직스에게 카드를 만들어 달라고 말하기가 겸연쩍었다. 나는 매직스의 얼굴을 슬쩍 살폈는데, 놀랍게도 아까와는 달리 평온해 보였다. 매직스가 보기와는 달리 마음씨가 못된 인물은 아닌 것 같았다.

"매직스 백작님, 수가 쓰여 있는 카드 열 장만 만들어 주실 수 있나요?"

내가 웃는 낯으로 공손하게 부탁하자, 매직스가 곧바로 마법 구슬을 흔들어 테이블에 열 장의 카드를 만들어 놓았다.

열 장의 카드에는 다음과 같은 수들이 쓰여 있었다.

$$30 \ 40 \ 30 \ 40 \ 40 \ 30 \ 40 \ 30 \ 30 \ 30$$

"자, 열 개의 수가 나왔군요. 우리 저 수들의 평균을 구해 볼까요?"

내 제안에 수학을 좋아하는 소피아가 빙긋이 웃었다.

"와우, 재미있는 문제군요. 열 개의 수의 평균은 열 개의 수를 더한 값을 10으로 나누면 되잖아요?"

소피아가 다음과 같이 식을 세웠다.

$$(30+40+30+40+40+30+40+30+30+30) \div 10$$

"뭐가 이렇게 복잡해?"

레이 왕은 골치가 아픈지 고개를 가로저었다.

"이것보다는 더 쉽게 평균을 구하는 방법이 있어요."

소피아가 말했다.

"어떻게요?"

레이 왕이 눈을 휘둥그레 뜨고 소피아를 바라보았다.

"수는 열 개이지만 수의 종류는 30과 40의 단 두 가지예요. 그러니까 **30**이 몇 번 나오고 **40**이 몇 번 나오는지를 정리하면 곱셈을 이용할 수 있을 거예요."

소피아는 이렇게 말하고 30과 40이 몇 번 나왔는지 헤아린 후 이를 표로 만들었다.

"30이 여섯 번 나왔으므로 30은 여섯 번 더해야 해요. 30을 여섯 번 더하는 것은 30×6이라고 쓸 수 있지요. 마찬가지로 40이 네 번 나왔으므로 40은 네 번 더해야 하지요. 40을 네 번 더하는 것은 40×4와 마찬가지예요. 그러므로 열 개의 수의 평균은 (30×6+40×4)÷10이 되고, 이것을 계산하면 평균은 34가 돼요."

"곱하기를 쓰니까 훨씬 간단해지는군요!"

소피아의 자세한 설명에 레이 왕이 신기해했다.

"우리가 오늘 평균을 제대로 배웠는데, 이것을 물리에서 이용하는 방법은 없을까요?"

레이 왕이 번뜩이는 아이디어를 내놓았다. 수학과 물리학은 이웃 사촌 관계로, 우리는 요즘 수학과 관련된 물리학을 다루는 데 재미를 붙이고 있었다.

"음. 그러고 보니 내가 최근에 풀어 본 문제가 평균을 구하는 문제와 관련되어 있는 것 같아요. 그 문제를 소개해 볼게요."

내 얘기에 세 사람의 눈이 기대감으로 반짝였다. 나는 덩달아 즐거워졌다. 이렇게 수학과 물리학에 관심이 있는 사람들과 함께 매일 토론을 하는 즐거움을 누리게 되다니, 꿈만 같았다.

"어떤 사람이 처음 1초 동안에는 2m/s의 일정한 속력으로 가다가

다음 1초 동안 4m/s의 일정한 속력으로 갔다면, 이 사람의 2초 동안
의 속력은 얼마일까요?"

내 소개에 레이 왕이 고개를 절레절레 흔들었다.

"이게 왜 평균과 관계있다는 거야?"

"그건 나도 잘 모르겠어. 하지만 뭔가 관계가 있는 것처럼 느껴져."

나는 약간 자신 없는 표정으로 말했다. 내겐 분명 평균과 관계있
는 문제로 여겨졌지만, 왜 그런 것인지를 설명하기가 힘들었다.

다행히 긍정적인 마인드의 소피아가 내 말에 호응했다.

"문제를 풀어 보면 그것이 평균과 관련 있는 것인지 아닌지를 알
수 있을 것 같아요. 이 문제는 속력이 달라지는 상황이네요. 그렇다
면 2초 동안 움직인 거리를 계산해 보면 어떨까요?"

"속력이 달라졌으니 움직인 거리를 계산할 수 없잖아요?"

여태껏 듣고만 있던 매직스가 끼어들었다.

"걱정부터 하지 말고 차근차근 풀어 가자고요. 2초 동안 움직인 거리는 처음 1초 동안 움직인 거리와 다음 1초 동안 움직인 거리의 합이니까요."

소피아가 부드러운 어조로 말했다. 모두 머리를 맞대고 주거니 받거니 차근차근 계산을 해 나갔다.

"처음 1초 동안은 2m/s로 갔잖아요? 즉, 1초 동안 2미터를 가니까 처음 1초 동안 움직인 거리는 2미터군요."

"흠, 그리고 다음 1초 동안은 4m/s로 갔으니까 1초 동안 움직인 거리는 4미터예요."

"2초 동안 움직인 거리는 6미터로군요."

잘 나가던 계산이 갑자기 한계에 봉착했다.

**"이런 이런, 그런데 2초 동안의 속력은 어떻게 계산하죠?"**

레이 왕이 갑자기 물었다.

"어렵게 생각할 것 없어요. 이럴 땐 나눗셈을 사용하면 되거든요. 2초 동안 6미터를 움직였으니까 $6 \div 2 = 3$ 해서 속력은 3m/s예요."

소피아가 깔끔하게 정리했다. 그걸 듣는 순간 내 머릿속에서 수학의 톱니바퀴가 맞물리며 돌아가는 것을 느꼈다. '그래, 바로 그거야!' 내가 손뼉을 치며 기뻐하자, 세 사람은 도대체 무슨 일인지 궁금해서 나를 쳐다봤다.

**"6은 2+4이잖아요?"**

내가 소리쳤다.

"그렇지. 당연한 거잖아. 그게 어때서?"

레이 왕이 의아해했다.

**"2초 동안의 속력은 처음 1초 동안의 속력과 다음 1초 동안의 속력의 평균이에요.** 두 개를 합한 다음 나눠 주면 그 속력의 평균을 구할 수 있어요. 즉, 이걸 식으로 나타내면 $(2+4) \div 2 = 3$이 되지요."

나는 이 새로운 발견에 흥분을 감추지 못하고 기뻐했다.

"그렇군요. 대단한 발견이에요!"

소피아가 진심으로 기뻐했다.

"어차피 2초 동안 움직인 거리를 시간으로 나눈 값이잖아? 쯧. 난

또 뭐라고, 쯧."

매직스가 대수롭지 않다는 듯 말했다. 하지만 내 눈에는 매직스 자신이 그걸 미처 발견하지 못해 아쉬워하는 게 보였다. 매직스 역시 수학과 물리학을 사랑하는 인물이었던 것이다! 나는 매직스에게 동지 같은 감정을 느꼈다. 물론 아주 약간, 거품보다 조금 더 큰 것이긴 하지만 말이다.

"그래도 여기에 평균 공식이 적용되었다는 게 중요한 거지요. 참 좋은 발견이에요."

소피아가 차분하게 말했다. 레이 왕이 고개를 끄덕이며 결론을 내렸다.

"이 발견에 이름을 붙였으면 좋겠어요. 이렇게 하면 어떨까요? 어떤 시간 동안 어떤 거리를 움직였을 때 움직인 거리를 걸린 시간으로 나눈 값을 ★ 평균속력이라고 부르는 거예요."

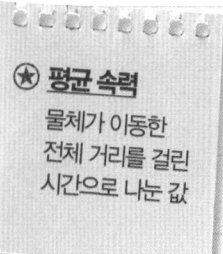

★ **평균 속력**
물체가 이동한 전체 거리를 걸린 시간으로 나눈 값

평균 속력이라 부르노래!

  레이 왕이 내 의견을 받아들인 것은 물론, 거기에 알맞은 이름을 붙였다. 나는 속으로 환호성을 질렀다. 이제 우리는 그동안 속력이라고 불렀던 걸 평균 속력이라고 고쳐 부르기로 했다.

## 도전 -앤티스 퀴즈 2

어떤 거리를 여행하는데 전체 시간의 $\frac{2}{3}$ 동안은 시속 60미터(60m/h)의 속력으로 갔고 나머지 $\frac{1}{3}$ 시간 동안에는 시속 30미터(30m/h)의 속력으로 갔습니다. 이 때 평균 속력은 얼마인가요?

# 4. 그대로 멈춰라!
## 순간은 0초?

레이 왕이 우리에게 새로운 시합을 제안했다. 평균 속력에 대해 완벽하게 이해한 기념으로 100미터 달리기 시합을 해서 누가 '속력의 왕'인지 겨뤄 보자는 것이었다. 궁정의 힘 소피아가 웬일인지 불평을 했다. 알고 보니 자신이 여자라서 불리하다는 것이었다. 매직스 역시 자신이 나이가 많아서 불리하다며 시합을 거부했다. 나 역시 운동을 썩 좋아하지 않는 편이라 달갑지 않았다. 하지만 레이 왕은 우리의 불만을 무시한 채 시합을 강행할 태세였다. 어쩔 도리가 없었다.

시합을 하기로 한 운동장은 왕궁에서 그리 멀지 않은 곳에 있었다.

"자! 이제 시합을 시작하기로 해요. 똑같은 거리를 달리는 경기이니 가장 먼저 결승선에 들어온 사람이 승자가 되는 것이지요. 그리고 시간이 제일 적게 걸리는 사람이 평균 속력 역시 제일 크겠죠? 그 사람을 우승자로 결정합니다."

레이 왕은 즐거운 듯 얼굴에 웃음이 가득했다. 하지만 졸지에 100 미터 달리기 출전 선수가 된 우리는 마음이 무거웠다. 우리는 썩 내키지는 않았지만 왕의 비위를 건드리기 싫어 100미터 출발선으로 천천히 걸어갔다.

그때 갑자기 요란하게 바람을 가르는 소리가 나면서 앤티스가 날아오는 모습이 보였다. 우리는 작게 한숨을 쉬었다. 그러나 이번에는 아주 약간 안도의 한숨이 숨어 있었다.

"이번에는 무슨 일인가요?"

소피아는 들키지 않으려는 듯 왕의 눈치를 보며, 큰 눈을 더욱 부릅뜨고 앤티스를 노려보았다.

"흐흐흐. 지난번에는 용케 바위산에서 빠져나갔지만, 이번에는 그럴 수 없을 거야. 너희들이 도저히 해결할 수 없는 문제를 들고 왔거든. 절대로 벗어나지 못할 거다!"

앤티스가 소피아에게 다가가 징그러운 몸을 흔들며 말했다. 우리는 소피아를 보호하려고 다가갔다. 물론 앤티스에게 날카로운 레이저 눈빛 공격을 보내는 것도 잊지 않았다.

그러자 앤티스가 주춤거리며 날개를 파닥여 조금 뒤로 물러섰다.

"오호라, 너희들, 오늘은 기세가 만만치 않은데. 그렇다고 해서 문제를 해결할 능력이 갑자기 업그레이드되는 것은 아니지. 흐흐흐."

"무슨 문제죠?"

소피아가 따지듯 물었다.

"흐흐흐. 너희가 운 좋게 평균 속력에 대해 알아내는 장면을 우연히 목격하게 되었지. 하지만 너희들은 그 뭐랄까, 생각하는 게 둔하고 모자라는 것 같아."

그 말에 매직스가 발끈해서 나서려는 걸 레이 왕이 다독였다.

"왜 그런 생각을 하게 된 거죠?"

나는 앤티스가 어떤 생각에서 그런 말을 한 것인지 진심으로 궁금했다.

"너희들은 평균 속력을 구했지. **하지만 물체가 항상 같은 빠르기**

로 움직이지는 않아. 평균 속력은 매 순간 물체의 빠르기는 생각하지 않고 일정 시간 동안 물체가 얼마나 이동했는지를 따져 이동 거리를 시간으로 나눈 값이지.”

앤티스의 지적은 옳은 것이었다. 나 역시 평균 속력을 구한 기쁨에 들떠 그 같은 한계는 미처 생각하지 못했던 것이다. 매직스의 표정이 일그러지며 못마땅한 듯 '쯧' 하는 소리를 냈다. 앤티스가 거슬리는 쇳소리로 크게 웃었다.

“왜, 내가 너희들의 자존심을 건드렸나? 그게 아니라는 걸 증명하려면 내가 오늘 낸 문제를 풀면 된다. 흐흐흐.”

“그 문제가 뭔데?”

매직스가 큰 소리로 대꾸했다.

“바로 그거야, 매직스! 뭐니 뭐니 해도 사람은 의욕이 있어야지! 자, 이제 내가 조그만 공을 100미터 날아가게 할 것이다. 이 공이 내 입을 떠나 3초가 된 순간의 공의 속력을 구하면 나는 조용히 물러나겠다. 하지만!”

우리는 그의 마지막 말에 순간 얼어붙었다. 지난번에는 바위산이 었는데, 과연 오늘은 어떤 걸로 우리를 위기에 빠뜨리려는 것일까?

“너희가 실패하면 운동장 벽이 점점 좁아져서 너희들은 통조림같이 납작하게 될 것이나. 흐흐흐.”

앤티스가 능글맞게 웃으며 발을 구르자 갑자기 사방에서 벽이 다가와 우리를 강하게 누르기 시작했고, 우리 입에서 저도 모르게 비

명이 터졌다. 숨이 막혔다. 그 순간 앤티스가 가볍게 손뼉을 두 번
치자 벽이 제자리로 돌아갔다.

앤티스는 약 올리듯이 우리를 쳐다보며 나지막하게 말했다.

"자, 그럼 이제 공을 날려 볼까나?"

앤티스의 입에서 골프공만 한 크기의 작은 황금빛 공이 나타났다.

"잠깐!"

내가 다급하게 소리쳤다.

황금빛 공이 앤티스의 입으로 다시 쏙 들어갔다.

"도대체 무슨 일이지? 설마 시작하기도 전에 내기를 포기한다는 것은 아니겠지? 내기를 하고 안 하고는 내 맘에 달려 있으니까, 네가 아무리 거부해도 소용없다는 걸 알아야지, 꼬마야. 흐흐흐."

"그게 아니에요! 갑자기 당신 맘대로 시작한 내기니까, 우리에게도 토론할 시간을 주어야 공평하죠!"

예상치 못한 내 말에 앤티스는 좀 당황한 듯하더니 고개를 끄덕였다.

"흠, 그런가? 공평하지 못하다니! 좋아, 10분 동안 토론할 시간을 주도록 하지. 그렇다고 해서 내기에서 이길 수 있을지는 잘 모르겠다만. 흐흐흐."

의외로 흔쾌히 앤티스가 내 부탁을 들어주었다. 우리는 10분의 시간을 벌었다.

우리는 앤티스가 우리 얘기를 듣지 못하도록 하려고 100미터 트랙이 훤히 내려다보이는 관중석으로 올라갔다.

"자모스 덕분에 우리가 다행히 시간을 벌게 되었군. 하지만 순간의 속력을 구하는 일은 너무 어려워."

레이 왕이 또 골치 아픈 표정을 지었다.

"그러게요. 우린 이제 평균 속력 구하는 법을 알아냈을 뿐인데, 이건 좀 어렵게 느껴지네요. **3초 때의 순간의 속력을 어떻게 계산하지요?**"

소피아도 난감한 표정이었다.

"우리가 머리를 모으면 이 문제도 얼마든지 풀어 낼 수 있을 거예요. 우리 파이팅 하자고요, 네?"

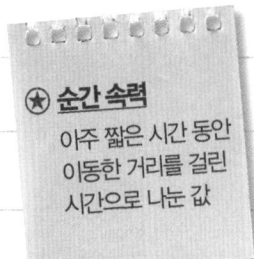

**★ 순간 속력**
아주 짧은 시간 동안 이동한 거리를 걸린 시간으로 나눈 값

내 말에 모두 머리를 끄덕였다.

"자, 우선 아까와는 달리 3초 때 순간의 속력이니까, 이 속력은 ★ 순간 속력이라고 부르기로 하지요."

나는 침착하게 문제를 해결하기로 마음을 다잡았다. 호랑이 굴에 들어가도 정신만 바짝 차리면 산다고 하지 않았던가. 시간이 적은 위기의 상황일수록 침착해야만 유리하다. 그래야 실수를 줄일 수 있다.

그때 레이 왕이 해결의 실마리를 제시했다.

"순간 속력은 어느 한순간의 속력이잖아? 그렇다면 걸린 시간이 0이 되겠군."

"0초 동안 물체가 움직인 거리를 0으로 나누면 순간 속력을 정의

할 수 있을 것 같아요."

매직스가 뒤를 이었다.

평소와는 달리 진지한 얼굴이며 반짝이는 눈빛으로 보아, 완전히
몰입하고 있음을 알 수 있었다.

**"0초 동안 물체가 움직인 거리는**
**0이잖아요? 그러면 순간 속력은**
**0÷0이 되는 건가요?"**

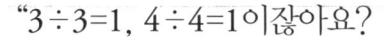

소피아가 말했다.

"3÷3=1, 4÷4=1이잖아요?

이렇게 어떤 수를 같은 수로 나누면 1이 되니까 0÷0=1인가요?"

수학 계산에는 약한 레이 왕이 조금 자신 없는 말투로 말했다.

"브라보! 답이 나왔군요.

3초가 된 순간 공의 순간 속력은 1m/s예요."

매직스가 신이 나 입가에 미소를 띠며 말했다.

하지만 뭔가 이상했다. 그럼 모든 물체의 순간 속력이 같다는 건
데…….

"모든 물체의 순간 속력이 항상 1m/s로 같다고요? 그건 말이 안
돼요."

내가 손사래를 치며 반대했다.

"하긴…… 달팽이의 순간 속력과 비행기의 순간 속력이 같다는
건 말이 안 돼."

레이 왕이 허탈한 표정으로 내 말에 동의했다.

문제가 쉽게 풀리는 듯했으나, 우리는 곧 다시 벽에 부딪쳤다.

"일단 어떤 수를 0으로 나눌 수 있는지 조사해 보는 게 좋겠어요."

내가 조용한 목소리로 말했다.

"모든 수는 덧셈, 뺄셈, 곱셈, 나눗셈이 가능하잖아요? 그렇다면 0으로 나누는 것도 가능할 것 같은데요."

소피아가 반박했다.

"그럴까요? 하지만 0으로 나누는 것이 수학적으로 문제를 일으킬지도 모른다는 생각이 들어요."

이렇게 레이 왕이 내 말에 힘을 실어 줬다.

"일단 3을 3으로 나누면 1이 되듯이 0도 0으로 나누면 1이 된다고 해 보죠."

내가 이런 가정으로 토론을 시작했다.

"어떤 수를 같은 수로 나누는 거니까 1이 되는 게 맞는 것 같아요."

매직스가 말했다.

$$1 \div 1 = 1$$
$$2 \div 2 = 1$$
$$3 \div 3 = 1$$

어느 누구도 입을 열지 못했다. 토론이 도통 다음 단계로 나가지 못하고 있었다. 고민스러웠다. 각자 계산에 매달려서 생각을 전개해 나갔지만 큰 진전이 없었다.

"흐흐흐."

잠시 침묵이 흐르는 동안, 앤티스는 자신의 승리를 예감한 양 우리를 보고 기분 나쁜 웃음을 흘렸다. 에잇, 기분 나쁜 자식!

그때 종달새가 내 머리 위를 날아갔다. 나는 멍하니 종달새가 날아가는 모양을 지켜보다가, 선뜻 어떤 생각이 머리를 스치는 것을 느꼈다. 정확히 말하면 머릿속에 이상한 식이 떠올랐던 것이다. 나는 급히 세 사람을 불렀다.

"왜 그래? 해답이라도 떠올랐어?"

레이 왕이 물었다. 내가 고개를 젓자 그는 실망한 표정이었다.

"그게 아니라, 우리가 계산해 왔던 것에서 문제점을 발견해서 세
분을 이리로 모이시게 한 거예요."

"그게 뭔데요?"

세 사람이 한 목소리로 물었다.

"매직스 백작님, 얼른 칠판을 준비해 주세요."

나는 매직스가 마법으로 만든 칠판에 다음과 같은 식을 썼다.

$$2 \times 0 = 0$$

너무도 당연한 식에 세 사람은 기가 막힌 표정이었다. 나는 주어진 식의 양변을 0으로 나눈 식을 썼다.

$$2 \times 0 \div 0 = 0 \div 0$$

성미 급한 왕이 답답하다는 표정을 지었다.

**"이 식에 0÷0=1을 먼저 적용해 봐.** 그러면 이렇게 돼."

나는 다음과 같은 식을 썼다.

$$2 \times (0 \div 0) = (0 \div 0)$$
$$2 \times 1 = 1$$
$$2 = 1$$

"오, 말도 안 돼! 어떻게 우리가 2와 1이 같다는 잘못된 식을 세운 거죠? 빵 두 개를 먹은 것과 빵 하나를 먹은 것은 엄연히 달라요. 빵 두 개를 먹으면 배가 부르지만, 빵 한 개를 먹으면 여전히 배가 고프다고요!"

매직스의 우습지만 기가 막힌 설명은 정확히 식의 문제점을 지적하고 있었다.

"매직스 백직님 말대로예요. 이렇게 **앞뒤가 맞지 않는 것을 수학에서는** ⊛ 모순이라고 하지요. 그러니까 0으로 나눌 수 있다고 하면

⊛ **모순**
어떤 사실의 앞뒤, 또는 두 사실이 이치상 어긋나서 서로 맞지 않음을 이르는 말

모순이 발생해서 수학이 엉망진창이 돼요."

내가 강하게 말했다.

"그러면 0으로는 나눌 수 없다는 얘기지요?"

소피아가 진지하게 물었고, 나는 조용히 고개를 끄덕였다.

결국 우리는 어떤 수를 0으로 나누면 수학이 엉망이 되니 이를 금지시켜야 한다는 결론에 도달했다. 0으로 나눌 수 없게 된 우리는 다시 순간 속력을 어떻게 정의해야 할지 고민에 빠졌다.

시간이 빠르게 흘러가고 있었지만, 우리는 난관에 맞닥뜨려 이 문제를 어떻게 해결해야 할지 막막했다. 초조했다.

그때 '싸이폰'에서 알림음이 울렸다. 나는 싸이폰을 꺼내 들었다.

뉴턴이 보내온 트윗이 보였다.

트위터: 뉴턴
newton@ newton107

'이런, 위기를 맞았군요. 내 얘기에서 실마리를 찾길 바라요.
물체의 순간 속력은 상상할 수 없을 정도로 아주 짧은 시간 동안의
평균 속력을 말하지요. 이렇게 짧은 시간 동안에 물체가 움직인 거
리는 아주 짧지요. 이렇게 짧은 거리를 짧은 시간으로 나누는 것을
'미분'이라고 부르겠습니다. 비록 0으로 나눌 수는 없어도, 우리는
미분을 이용해 순간 속력을 정의할 수 있습니다. 띵동.'

싸이폰의 메시지는 사라졌다. 하지만 그것으로도 충분했다. 뉴턴
의 트윗을 본 우리의 얼굴에 비로소 화색이 돌았다. 문제를 해결할
수 있는 방법이 떠올랐기 때문이었다.

"바로 그거예요! 뉴턴 님, 정말 고맙습니다."

내 오두방정에 레이 왕이 답을 재촉했다.

"0은 아니지만 0에 가까울 정도로 아주 작은 시간을 택하여 그
시간 동안의 평균 속력을 생각하면 순간 속력을 정의할 수 있을

거야.”

“0에 가까운 시간이라니? 자모스, 알기 쉽게 설명해 줘!”

“소수를 이용하면 이 문제를 풀 수 있을 거예요. 예를 들어, 3초와 3.0000001초 사이를 생각하면 두 시각이 거의 같으므로 이 시간 동안의 평균 속력을 3초 때의 순간 속력이라고 정의해도 되지 않을까요?”

자연수 보다 더 작은 수를 찾는 거예요. 소수 말이에요.

역시 소피아였다.

“맞아요. 이때 시간 간격을 0과 1 사이의 더 작은 소수로 선택하면 순간에 더 가까워지겠지요.”

내가 칠판에 식을 써서 보충 설명을 했다.

$$0 < 0.001 < 0.01 < 0.1$$

“아하! 그래서 뉴턴이 미분이라는 이름을 썼군요!”

레이 왕이 손으로 머리를 탁 치며 말했다.

"어, 무슨 말인지?"

내가 물었다.

"이렇게 한 번 생각해 봐. 미치도록 잘게 분해하면 아주 작은 소수가 만들어지기 때문에 '미치도록 잘게'의 '미'와 '분해'의 '분'을 따서 미분이 된 건 아닐까 해서."

우리는 레이 왕의 재치 있는 말에 웃음을 터뜨렸다. 그때 앤티스가 경고하듯 소리를 질렀다.

"웃고 떠들 때가 아니야. 이제 시간이 얼마 남지 않았다고. 흐흐흐."

우리는 다시 계산으로 돌아왔다. 그러고 보니 남은 시간은 단 2분. 그 안에 모든 문제를 풀 해결의 열쇠를 찾아야 했다.

"그 짧은 시간 동안 물체는 아주 작은 거리를 움직이겠군요."

소피아의 적절한 지적이었다.

"그렇겠죠. 예를 들어 물체가 3초부터 3.0000001초 사이에 움직인 거리가 0.000001미터라고 해 보죠. 걸린 시간은 0.0000001초이고 움직인 거리는 0.000001미터이므로 0.000001÷0.0000001=10이 되어, 이 짧은 시간 동안 물체의 평균 속력은 초속 10미터가 돼요."

내가 잽싸게 계산을 마쳤다.

"이것을 3초가 되었을 때 물체의 순간 속력이라고 생각해도 되겠군요."

매직스였다.

"그러면 결국 소수의 나눗셈 문제가 되겠군요."

레이 왕이 나지막한 목소리로 말했다.

"그런데 엄청나게 짧은 시간을 어떻게 측정하죠?"

소피아가 안타까운 목소리로 말했다. 문제를 풀 계산식은 알아내고 나니 이제 정확한 시간 측정이 필요했다.

"걱정 마세요. 매직스가 있잖아요, 그건 내게 맡겨요."

매직스가 호언장담하고는, 마법으로 초정밀 측정 장치를 만들어 냈다. 처음으로 매직스가 믿음직스럽게 보였다.

"이 측정 장치 안에는 원자시계가 들어 있어서 10억분의 1초까지 정확하게 잴 수 있어요."

매직스가 큰소리를 쳤다. 자신감이 묻어났다.

"10억분의 1초 동안 달린 거리라면 매우 짧을 텐데……."

레이 왕이 걱정 어린 얼굴로 나를 바라보았다.

"그것도 이 장치가 해결해 줄 수 있어요. 이 장치에는 나노 GPS 수신 장치가 부착되어 있어요. 인공위성을 이용해 1나노미터까지 정확하게 거리를 측정할 수 있지요."

"이야, 매직스 백작님! 정말 대단하세요!"

내 칭찬에 기뻤는지 매직스 얼굴이 환해졌다. 매직스가 우리의 구원 투수가 되어 주다니!

"1나노미터가 얼마인가요, 매직스 백작님?"

소피아가 물었다.

"나노는 10억분의 1이라는 뜻이에요. 즉 1나노미터는 10억분의 1미터지요."

매직스가 차분하게 설명했다. 자, 모든 준비를 마쳤으니 이젠 내기를 시작할 때가 되었다. 우리는 주어진 10분의 토론 시간을 모두 썼다.

앤티스가 날아오는 것이 보였다.

"자, 시간이 다 되었다. 이제 더 이상의 기회는 없어! 이제 시작해 볼까."

"그러면 시작해 보자고."

레이 왕이 소리쳤다. 아까와는 다른 분위기를 감지한 듯 앤티스는 약간 당황한 얼굴로 우리의 얼굴을 훑었다. 우리 얼굴에서 자신감이 엿보였는지, 앤티스의 표정이 어두워졌다.

드디어 내기가 시작되었다.

앤티스는 100미터의 출발선에 서서 입에 물고 있던 황금빛 공을 힘차게 날렸다. 우리는 공이 날아가는 속력을 측정 장치로 들여다보고 있었다. 공은 순간 속력을 수시로 바꾸면서 100미터 골인 지점을 향해 날아갔다. 매직스가 만든 초정밀 측정 장치는 공이 떠난 시간으로부터 10억분의 1초 간격으로 공의 위치를 기록해 내고 있었다. 정말 놀라운 장치로, 나는 거듭 매직스를 칭찬해 주고 싶었다.

매직스는 초정밀 측정 장치로 3초와 3.000000001초 사이에 공이 움직인 거리를 확인하였다. 4나노미터.

"결과는 4나노미터예요. 그러면 이것을 미터 단위로 고치면 0.000000004m이죠. 0.000000001초 동안 0.000000004m를 움직였으니까…… 아휴, 이 0들 좀 봐요. 흠, 계산을 마저 하면 이 시간 동안 공의 평균 속력은 $0.000000004 \div 0.000000001 = 4(m/s)$가 되는군요! 이게 바로 3초 때 공의 순간 속력으로 볼 수 있을 거예요."

내가 재빨리 계산을 마쳤다. 매직스도 계산을 따라잡고는 내 얼굴을 보고 고개를 끄덕였다.

"이런! 곰도 구르는 재주가 있다더니! 이번에는 어쩌다 내기에 이겼지만, 다음에는 어림없다! 나는 더 어려운 문제를 들고 너희를 찾아올 것이다. 각오해랏!"

앤티스가 이렇게 말하고는 시끄러운 날갯짓 소리를 내면서 사라졌다.

"우리가 해결했어!"

나와 매직스는 기뻐서 하이파이브를 하고는 왠지 쑥스러워서 얼른 떨어졌다.

"다들 수고했어요! 앤티스의 공격을 또 한 번 물리치다니! 우리는 자랑스러운 팀이에요!"

레이 왕이 모두를 격려했다.

우리는 또 한 번 앤티스의 공격을 물리친 것에 대해 즐거워했다. 이렇게 앤티스의 방해 작전은 또다시 실패로 돌아갔다.

# 도로 위 무인 카메라의 비밀
## 나눗셈을 하는 무인 카메라

도로에는 수많은 무인 카메라가 설치되어 있어요. 무인 카메라의 목적은 제한 속력을 넘어 빠르게 질주하는 차를 단속하는 것이지요. 무인 카메라는 어떻게 달려오는 차의 속력을 측정할까요? 역시 나눗셈을 이용한답니다.

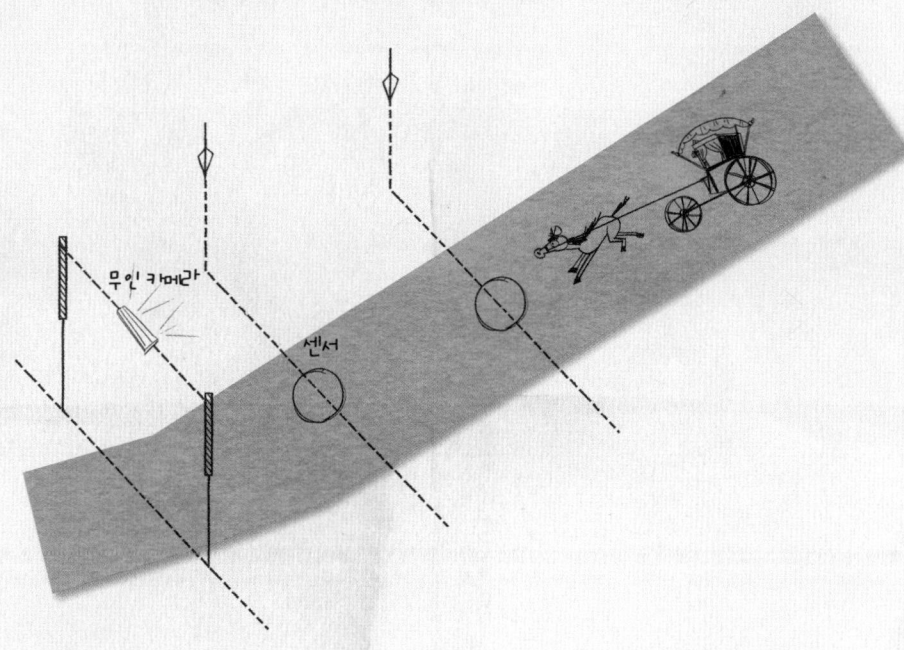

무인 카메라 앞 도로에는 두 개의 센서가 있어요. 자동차가 센서

를 밟으면 그 시각이 기록되지요. 두 센서 사이의 거리를 알고 두 센서를 밟은 시각의 차이를 통해 자동차가 두 센서 사이를 이동하는 데 걸린 시간을 알 수 있으므로 자동차의 속력을 알 수 있는 거예요. 예를 들어 두 센서 사이의 거리가 20미터라고 하고 자동차가 첫 번째 센서를 밟은 후 두 번째 센서를 밟기까지 걸린 시간이 0.5초라고 해 보죠. 속력은 거리를 시간으로 나눈 값이므로 20÷0.5=40이 되어 자동차의 속력은 초속 40미터가 됩니다. 초속 10미터는 시속 36킬로미터와 같으므로 초속 40미터는 시속 144킬로미터가 되지요. 만일 이 도로의 제한 속력이 시속 100킬로미터라면 이 차는 무인 카메라에 번호판이 촬영되어 과속에 대한 벌금을 물게 된답니다.

# 5. 알아야 하는 것은 삼각형

나른한 오후였다.

"아함~. 오늘은 어떤 내용에 대해 토론하나요?"

레이 왕이 졸린 목소리로 말했다. 오늘은 소피아가 오전에 출장을 다녀와서 점심 식사 후에 토론을 시작한 탓이었다. 게다가 레이 왕은 모처럼 치킨 요리를 잔뜩 먹은 탓인지 연신 하품을 했다.

"이러다간 토론을 시작하기도 전에 잠이 들겠어요. 먹은 걸 소화도 시킬 겸 눈썰매를 타는 건 어떨까요?"

매직스의 말에 다들 졸린 눈을 번쩍 떴다.

"쳇, 겨울도 아닌데 어떻게 눈썰매를 타요?"

레이 왕이 시큰둥한 표정으로 말했다.

"폐하, 제가 누굽니까? 이 매직스의 마법으로는 못하는 게 없지요."

나는 그 말에 코웃음이 나는 걸 간신히 참았다. 앤티스가 나타날 때마다 벌벌 떠는 매직스의 입에서 저런 말이 나오다니! 하지만 눈썰매를 타기 위해서는 그 같은 내 심정을 들켜서는 안 된다.

매직스는 마법 구슬을 꺼내더니 두 눈을 감고 아주 진지한 표정으로 무언가를 계속 외쳤다. 도무지 알아들을 수 없는 말이었지만, 마법의 효과는 금세 나타났다. 잠시 후 우리 눈앞에 눈썰매장이 나타난 것이다! 어느 틈엔가 우리 모두 눈썰매를 하나씩 손에 들고 있었다.

"우아! 재밌겠어요."

레이 왕이 탄성을 질렀다.

"서둘러야 해요. 조금 있으면 마법이 사라져요."

매직스가 경고했다.

그 말에 우리는 재빨리 눈썰매를 타고 경사면을 따라 내려갔다. 한 번이라도 더 타고 싶었기 때문이었다. 네 사람이 거의 동시에 바닥에 도착했다.

"점점 더 빨라지니까 신나는데요."

다시 눈썰매를 타고 미끄러지면서 소피아가 어린아이처럼 좋아했다.

네 번쯤 눈썰매를 탔을까, 마법이 풀려 눈썰매장은 사라지고 우리는 어느새 회의실에 앉아 있었다. 우리는 마치 꿈을 꾼 듯 주위를 둘러보았다. 아쉬웠다. 조금 전까지 보였던 눈 덮인 언덕 대신 아이보리 색 벽이 보였다. 마법의 효력이 오래 지속되지 않는 게 안타까울 따름이었다.

"눈썰매를 타고 내려가면 왜 점점 빨라지는 걸까요?"

레이 왕이 눈을 가늘게 뜬 재 눈썰매상을 떠올리며 날했다.

"경사면을 따라 물체가 내려갈 때 그 물체의 속력에 대한 문제군요."

소피아가 진지하게 말했다.

"더 정확하게 말하면 순간 속력에 대한 문제이지요."

매직스가 덧붙였다.

"그러면 오늘은 이 문제를 함께 토론해 보는 게 어떨까요?"

내 제안에 다들 기뻐했다. 게다가 좀 전에 직접 눈썰매를 탔으니 실험은 이미 해 본 것이나 마찬가지였다.

"눈썰매를 타면서 이 같은 문제를 토론하면 생각이 더 잘 날 것 같은데!"

레이 왕은 못내 아쉬운지 이같이 말했다. 그거야 두말하면 잔소

리. 나도 눈썰매 위에서 문제를 풀고 싶은 마음이 간절했다. 하지만 그 같은 마법은 다시 통하지 않는 건지 아니면 그럴 같은 생각이 없는 것인지, 매직스는 아무 대답도 없이 요지부동이었다.

"아까 눈썰매를 타긴 했지만 그걸로 문제를 풀기는 어려우니, 실험하기에 좋은 대강당으로 이동하시죠."

매직스가 우리를 대강당으로 이끌었다.

매직스는 다시 마법으로 길이가 5미터인 매끄러운 나무판을 만든 뒤 벽에 기대 세워 경사면을 만들었다. 경사면의 높이는 3미터였다.

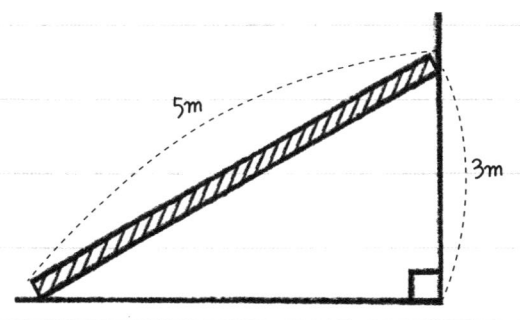

"나무판의 길이를 5미터로 선택한 이유가 있나요?"

소피아가 물었다.

"아니에요. 그냥 머릿속에서 떠오른 대로 5미터짜리 널빤지를 만든 것뿐이에요."

매직스가 대답했다.

"혹시 이 실험에서 판의 길이가 중요한가요?"

왕의 물음에 내가 대답했다.

"경사면의 높이가 같을 때는 판의 길이에 따라 경사가 급한지 완만한지가 결정되지요. 판의 길이가 길면 경사면이 완만해지고, 판의 길이가 짧으면 경사면이 급해지지요."

"그렇다면 판의 길이를 아무렇게나 선택하면 안 되잖아요? 매직스 백작님, 그처럼 중요한 걸 혼자 마음대로 결정하면 어떡해요?"

그렇게 묻는 소피아의 목소리가 평소보다 날카로웠다.

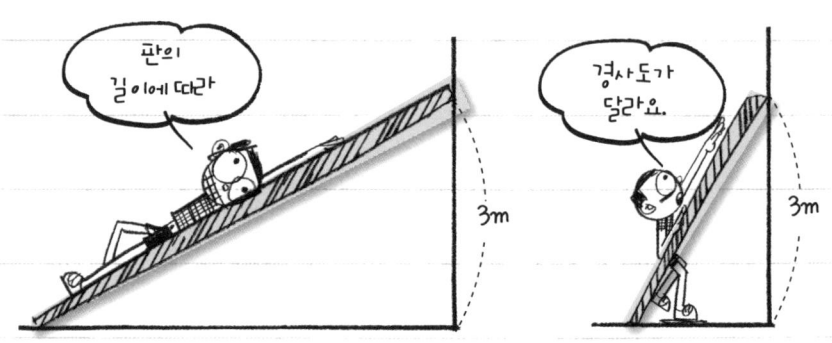

"우선 매직스 백작님이 만든 것으로 실험하고 나서 판의 길이를 다르게 해 보면 어떨까요? 그렇게 해도 우리가 원하는 실험이 충분히 이루어질 것 같아요."

내 말에 소피아가 고개를 끄덕였고, 매직스가 고맙다는 듯이 나를 한 번 쳐다보았다.

"그런데 경사면만 있고 물체가 없네요. 이래도 실험할 수 있나요?"

레이 왕이 물었다.

"그 정도는 다 생각해 놓았습니다. 이제 실험이 시작되면 조그만 구슬이 경사면을 따라 내려갈 거예요. 그리고 구슬의 순간 속력이 자동으로 측정되어 그래프로 그려질 거예요."

매직스가 다시 기가 살아서 어깨를 으쓱거리며 말했다.

매직스는 순간 속력 측정 장치를 경사면이 잘 보이는 곳에 놓았다. 직육면체 상자에 긴 대포 모양의 코가 달려서 전파를 이용해 순간 속력을 측정하는 장치였다. 코의 반대쪽에는 모니터가 있어서 구슬의 순간 속력과 시간의 관계를 그래프로 나타낼 수 있었다. 엉뚱하고 간혹 심술궂기는 하지만, 매직스의 마법 발명품들은 굉장히 창의적이었다. 매직스가 만들어 낸 순간 속력 장치는 솔직히 모양도 기능도 탐이 났다.

매직스가 마법의 주문을 외치자 작은 구슬이 경사면 꼭대기에 나타나더니 데굴데굴 굴러 바닥까지 내려왔다. 순간 속력 측정 장치의 코에서는 번쩍거리는 빛이 나와 구슬의 순간 속력을 시시각각 측정하고 있었다. 잠시 후 위잉 하는 소리가 들리더니 모니터에 순간 속력과 시간의 관계 그래프가 나타났다.

"오홋! 직선이 되었어요."

레이 왕이 놀라 탄성을 질렀다.

"순간 속력이 일정한 비율로 커지고 있어요."

소피아가 예리한 눈으로 그래프를 보며 말했다.

"구슬이 구르기 시작한 후 1초가 되었을 때 구슬의 순간 속력은 6m/s예요."

내가 그래프를 보고 말했다.

매직스는 자신의 발명품이 만족스러운지 입가에 씩 미소를 띠고 우리를 지켜보고 있었다.

그런데 소피아가 고개를 갸웃거리며 말했다.

"매직스 백작님! 그런데 왜 1초 때의 순간 속력만 있죠?"

매직스의 얼굴이 새파래졌다. 그걸 본 레이 왕이 소피아에게 물었다.

"이것 말고도 더 필요한 게 있나요?"

"그럼요. 규칙을 찾으려면 2초 때의 순간 속력이나 3초 때의 순간 속력도 알아야 해요. 그래야 임의의 시각에서의 순간 속력을 알 수

있지요."

　소피아의 날카로운 지적에 매직스가 고개를 떨구고는 우물거리듯

이 말했다.

　"죄송해요. 내가 장치 조작을 잘못했어요."

　"다시 하면 되지요, 매직스 백작님."

나는 매직스를 위로해 주었다.

　"그게……"

매직스가 머뭇거렸다. 매직스 머리에서 식은땀이 흘렀다.

"매직스 백작님! 도대체 무슨 문제인가요? 얘기를 해 주어야 어떻게 해야 할지를 판단할 수 있지요."

레이 왕이 부드럽게 물었다.

"정말 죄송해요. 장치를 이용한 측정은 하루에 한 번밖에 할 수 없어요. 다시 실험하려면 하루를 기다려야 해요."

매직스가 미안한 표정으로 모두에게 말했다.

"이런. 그렇다면 오늘 토론을 여기서 끝내야겠네요."

소피아가 아쉬워했다. 겸연쩍은지 매직스가 자기 머리를 긁적였다.

"여기서 끝내기는 아쉬운데……. 잠깐만요. 수학을 이용하면 2초 때의 순간 속력과 3초 때의 순간 속력도 구할 수 있을 것 같아요."

"어떤 수학을 이용하는 건가요?"

내 말에 호기심을 나타내며 소피아가 물었다.

"삼각형의 ★ 닮음을 이용하면 될 거예요."

내가 자신 있는 어조로 말했다.

"그게 뭐죠?"

세 사람이 동시에 물었다.

"매직스 백작님, 칠판을!"

"오케이!"

매직스가 만든 칠판이 바로 나타났다. 나는 삼각형을 하나 그리
면서 설명하기 시작했다.

> ★ **닮음**
>
> 크기는 다르지만
> 모양이 같음.

"삼각형의 닮음이란 건 말 그대로 두 삼각형이 닮았다는 거지요. 자,
이 삼각형 ABC는 한 변의 길이가 1센티미터인 정삼각형이에요."

나는 이렇게 말하고 옆에 조금 더 큰 정삼각형을 그렸다.

"그리고 삼각형 DEF는 한 변의 길이가 2센티미터인 정삼각형이
에요. 두 삼각형을 보고 느낀 점을 한 번 말해 보실래요?"

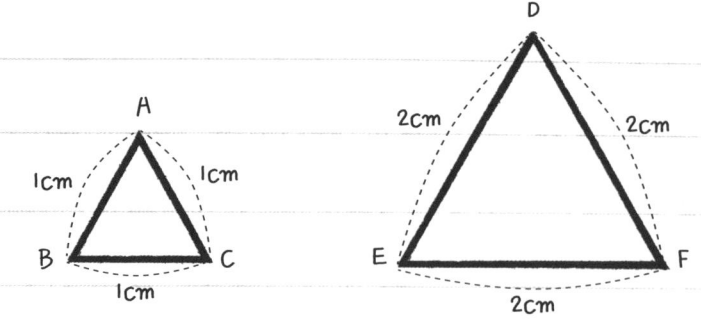

내가 세 사람을 둘러보며 말했다.

"둘 다 정삼각형이에요."

매직스가 재빠르게 대답했다.

"매직스 백작님, 정답!"

"두 삼각형이 닮았어요."

"소피아 님도 정답!"

답을 맞히지 못한 레이 왕만 어리벙벙한 표정을 짓고 있었다.

크기가 아니라
모양이 닮았지요.

"자, 보세요. 삼각형 ABC와 삼각형 DEF는 크기는 다르지만 모양이 닮았어요. 이런 두 삼각형을 닮은 삼각형이라고 불러요. 다른 말로 두 삼각형이 닮음의 위치에 있다고도 하지요. 그럼 두 삼각형의 한 변의 길이의 비가 얼마죠?"

"비?"

소피아가 되물었다.

"비에 대해 설명을 해 보지요. 예를 들어, 남학생이 5명, 여학생이 3명일 때 남학생 수와 여학생 수의 비를 5 : 3으로 나타내고 '오 대 삼'이라고 읽어요. 이것을 '3에 대한 5의 비' 또는 '5의 3에 대한 비'라고 부르고 간단하게 '5와 3의 비'라고 말하지요."

나는 먼저 비에 대해 설명한 뒤, 세 사람에게 비에 대한 문제를 내기 위해 다음과 같은 그림을 그렸다.

"그림에서 검은색으로 칠한 부분의 넓이에 대한 흰색으로 칠한 부분의 넓이의 비를 구해 보세요."

내가 모두에게 문제를 냈다.

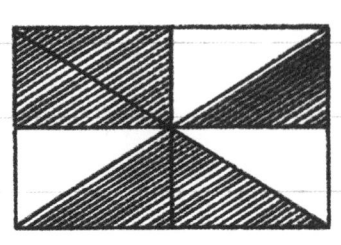

"흰색으로 칠한 부분은 삼각형 3개로 이루어져 있고, 검은색으로 칠한 부분은 삼각형 5개로 이루어져 있군. 이 삼각형들은 모두 넓이가 같고. 삼각형 하나의 넓이를 1이라고 하면 흰색으로 칠한 부분의 넓이는 3이고 검은색으로 칠한 부분의 넓이는 5가 되니까 구하는 비는 3 : 5가 돼."

레이 왕이었다. 나는 뜻밖의 레이 왕의 정확한 답변에 놀랐다. 나는 맞혔다는 뜻으로 크게 박수를 쳤다. 레이 왕이 흡족한 표정을 지었다.

"그런데 비에는 재미있는 성질이 있어요."

모두 내 얼굴을 뚫어지게 바라보며 관심을 나타냈다.

"1 : 2와 2 : 4와 3 : 6은 모두 같은 비를 나타내요. 1:2에서 비를 나타내는 기호(:)의 앞에 있는 수를 전항이라고 하고 뒤에 있는 수를 후항이라고 부르는데, 비의 전항과 후항에 같은 수를 곱하거나 같은 수로 나누어도 비는 달라지지 않아요. 즉, 1 : 2의 전항과 후항에 똑

같이 2를 곱하면 2 : 4가 되므로,

$$1 \times 2 : 2 \times 2 = 2 : 4$$

가 되지요."

　내가 비의 성질에 대해 설명했다.

　"100 : 200은 1 : 2와 같겠군요."

　소피아가 말했다.

　"그렇죠. 100 : 200의 전항과 후항을 똑같이 100으로 나누면 1 : 2가 되니까요."

　내가 빙그레 웃으며 대답했다.

같은 비를 다양한 수로
나타낼 수 있지요.

　나는 세 사람에게 비해 대해 좀 더 설명을 해 나갔다. 각 항이 소수로 되어 있는 경우에는 전항과 후항에 10, 100, 1000, … 능을 곱해 자연수의 비를 만들 수 있다는 것을 알려 주었다. 즉, 1.3 : 6.7의 전항과 후항에 똑같이 10을 곱하면 13 : 67이 되어 소수가 나타나지 않는다는 것을 애기했다. 또한 **전항과 후항의 ★ 최대 공약수**가 있을 때는 최대 공약수로 전항과 후항을 나누어 주어 좀 더 간단한 비를 만들 수 있다는 것도 알려 주었다. 예를 들어 12 : 27은 전항과 후항의 최대 공약수가 3이므로 전항과 후항을 각각 3으로 나누어 4 : 9로 만들 수 있었다. 이제 우리 모두는 비와 비의 성질에 대해 알게 되었다.

"이제 다시 물을게요. 이 삼각형들의 길이의 비는 얼마인가요?"

나는 칠판을 가리키며 모두에게 다시 물어 보았다.

"1 : 2."

레이 왕이 잽싸게 대답했다.

"이것을 닮음비라고 불러요. 즉, 삼각형 ABC와 삼각형 DEF의 닮음비는 1 : 2이지요."

내가 빙그레 웃으며 말했다.

"정삼각형이 아닐 때는 닮았는지 닮지 않았는지 어떻게 구별하나요?"

매직스는 이렇게 말하고는 다음과 같은 그림을 그렸다.

"이것들이 닮았나요?"

"흠. 닮은 것 같아요."

레이 왕이 그림을 흘깃 보고는 말했다.

"닮지 않은 것 같아요. 삼각형 ABC와 삼각형 DEF에서 변 AC와
변 DF를 비교하면 변 AC가 더 가파르게 내려가는 것 같아요."

소피아가 눈을 가늘게 뜬 채 말했다.

매직스는 마법으로 삼각형 ABC와 삼각형 DEF가 같은지 다른지
를 우리에게 확인시켜 주었다. 우선 삼각형 ABC에서 변 AB의 길
이가 변 DE의 길이와 같게 만들었다. 변 DE의 길이는 변 AB의 길

이의 2배였다. 그러므로 두 삼각형이 닮았다면, 삼각형 ABC의 모든 변의 길이를 2배로 만든 삼각형(삼각형 A′B′C′)과 삼각형 DEF가 완전히 포개져야 했다. 하지만 결과는 다음과 같았다.

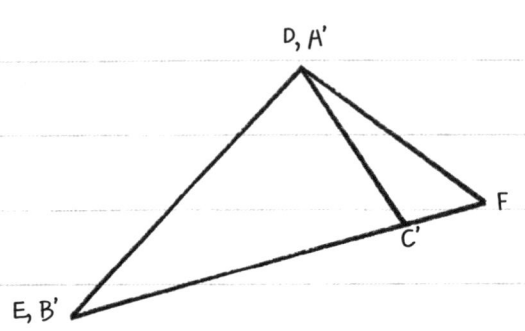

"점 F와 점 C′가 일치하지 않는군요!"

레이 왕이 놀라 소리쳤다.

"삼각형 A′B′C′와 삼각형 DEF는 완전히 포개질 수 없어요. 그러니까 삼각형 ABC와 삼각형 DEF는 닮은 삼각형이 아니에요."

매직스가 야릇한 미소를 지으며 자신만만하게 말했다.

"두 삼각형이 닮았는지 닮지 않았는지 쉽게 알아보는 방법이 없나요? 매번 마법으로 삼각형을 확대할 수는 없잖아요? 게다가 우리는 마법을 쓸 수도 없고요."

소피아가 말했다.

"저 매직스가 있는데 뭐가 문제예요? 제가 매번 마법으로 확인시

커 드리면 되지요."

매직스가 열의를 담아 말했다. 하지만 레이 왕은 고개를 가로저었다.

"매직스 백작이 없을 땐 어떡하라고? 그대가 자거나 출장 가 있는 동안 이런 문제가 나타나면 우린 정답을 맞힐 수가 없잖아."

"흠. 그렇군요, 쯧."

"폐하의 말씀이 맞아요. 사실 이걸 알아보기 위한 간단한 방법이 있어요."

나는 이렇게 말하고는 다음 그림을 그렸다.

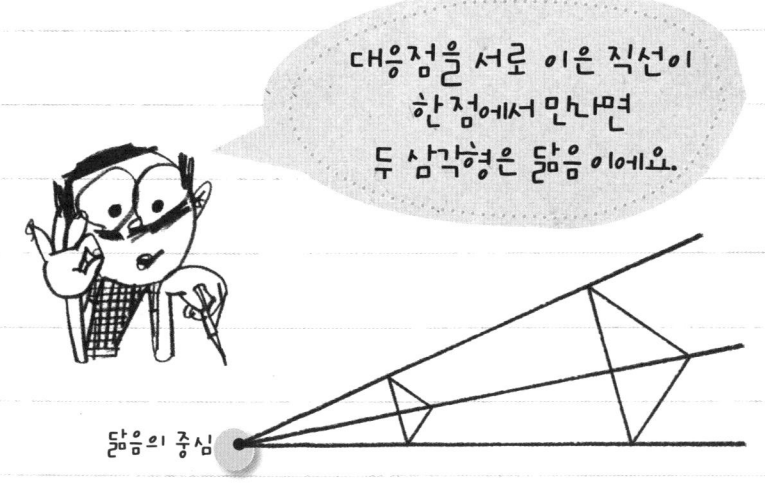

"작은 삼각형과 큰 삼각형은 닮은 삼각형이에요. 이렇게 닮은 두 삼각형의 대응점을 이은 직선은 한 점에서 만나요. 이 점을 닮음의 중심이라고 부르지요."

우리는 닮지 않은 두 삼각형은 과연 한 점에서 만나는지 그렇지 않은지 확인해 보았다. 언뜻 봐도 닮지 않은 두 삼각형의 대응점끼리 연결한 직선은 한 점에서 만나지 않았다.

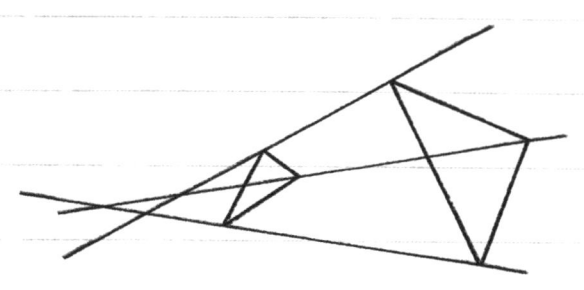

"닮음비가 1 : 2인 삼각형을 그리는 쉬운 방법이 있어요."

내 말에 모두 솔깃한 모양이었다. 나는 다음과 같이 그림을 그렸다.

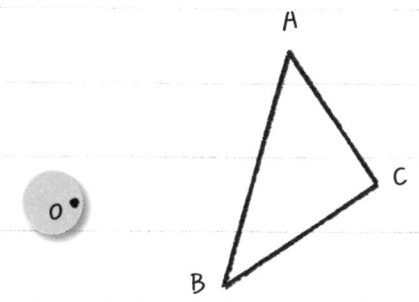

"어, 저기 있는 점 O는 뭐지?"

궁금한 걸 못 참는 레이 왕이 물었다.

"O는 **닮음의 중심**이에요. 이제 삼각형 ABC와 닮음비 1 : 2로 닮은 삼각형을 그려 볼게요. 그 삼각형을 삼각형 DEF라고 하면 점 D는 점 A의 대응점이고 점 E는 점 B의 대응점이고 점 F는 점 C의 대응점이 되죠. 두 닮은 삼각형의 대응점을 연결한 직선은 닮음의 중심에서 만난다고 했으니까 점 D는 직선 OA 위에 있어요. 이때 선분 OA의 길이와 선분 OD의 길이가 1 : 2가 되도록 점 D를 표시해요."

나는 다음과 같이 그렸다.

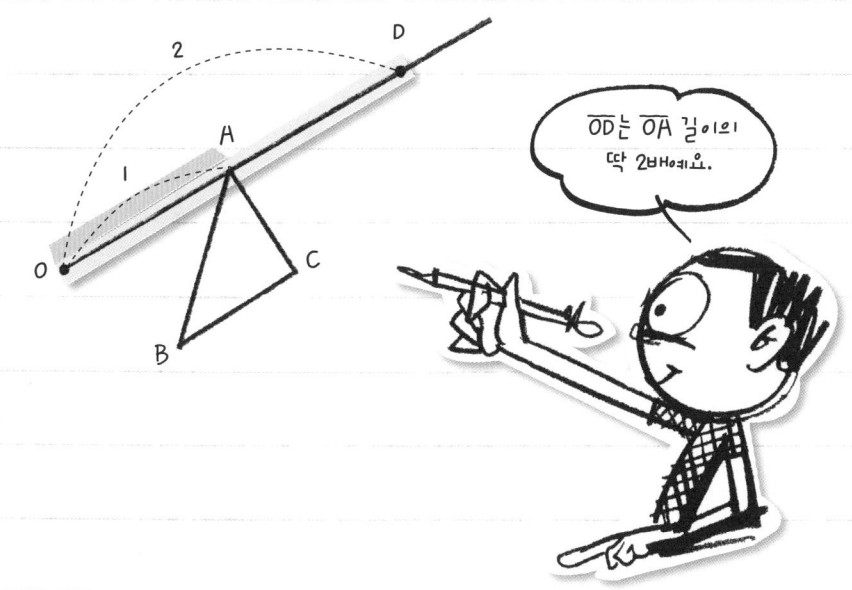

"으흠. 그럼 점 E는 직선 OB에서 선분 OB의 길이와 선분 OE의 길이가 1 : 2가 되도록 선택하면 되겠군요."

소피아가 미소를 지으며 점 E를 그렸다.

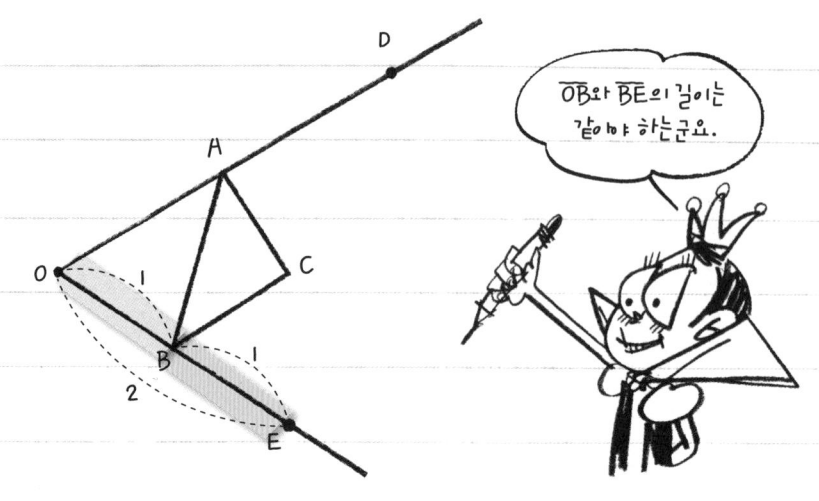

"자, 나머지는 내게 맡겨요. 점 F는 직선 OC 위에 선분 OC의 길이와 선분 OF의 길이의 비가 1 : 2가 되는 점이에요."

왕이 잽싸게 점 F를 표시했다.

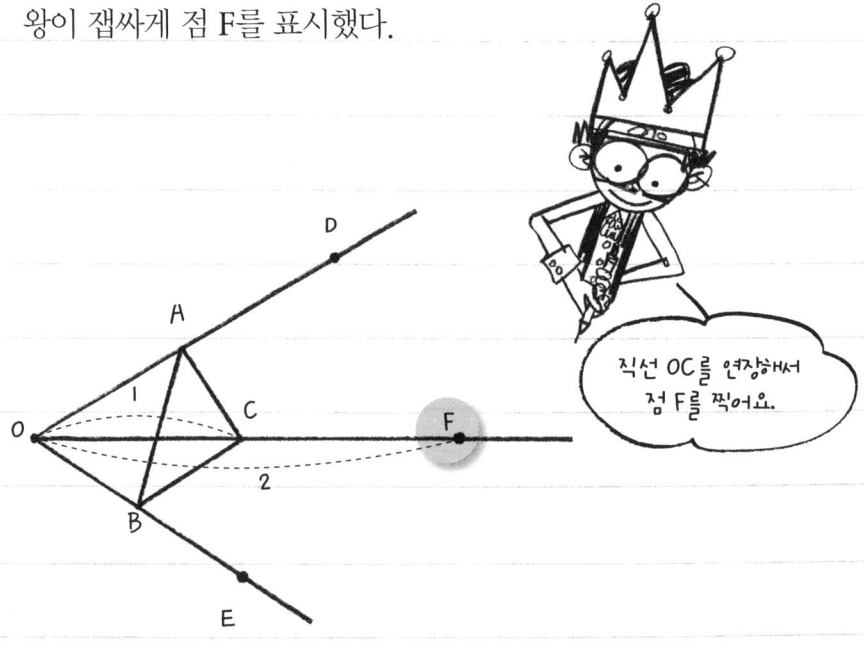

"세 점 D, E, F를 세 꼭짓점으로 갖는 삼각형 DEF가 삼각형 ABC와 닮음비가 1 : 2인 삼각형이군요."

매직스가 그림을 마무리했다. 세 사람이 한 몸처럼 문제 풀이를 해낸 것이다.

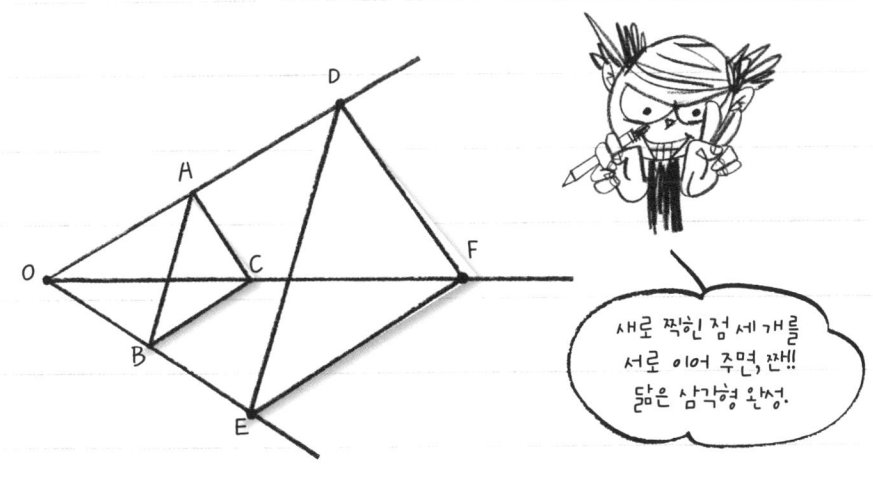

새로 찍힌 점 세 개를 서로 이어 주면, 짠! 닮은 삼각형 완성.

"이제 삼각형의 닮음에 대해 알게 되었군요. **그런데 두 삼각형이 닮으면 어떤 성질을 갖게 되죠?**"

소피아가 물었다.

"무조건 자모스에게 물어 보지 말고 먼저 어떤 성질이 있는지 알아보면 어떨까요? 두 삼각형의 변의 길이와 세 각을 측정해 보는 게 좋겠어요."

매직스가 기특한 제안을 했다.

우리는 매직스의 제안대로 삼각형 ABC와 삼각형 DEF의 변의
길이를 먼저 쟀다. 그 결과는 다음과 같았다.

$$\overline{AB} = 5\text{cm} \qquad \overline{DE} = 10\text{cm}$$
$$\overline{BC} = 4\text{cm} \qquad \overline{EF} = 8\text{cm}$$
$$\overline{CA} = 3\text{cm} \qquad \overline{FD} = 6\text{cm}$$

"어, 그런데 $\overline{AB}$가 뭐지?"

레이 왕이 물었다.

"수학자들은 기호 만들기를 좋아해. $\overline{AB}$는 변 AB의 길이를 말하지."

내가 설명했다.

**"이것 봐요! 여기서는 각 변의 길이가 2배로 되었어요."**

이곳저곳 자를 대보던 소피아가 소리쳤다.

"그렇군요. 변 DE의 길이는 변 AB의 길이의 2배이고, 변 EF의 길이는 변 BC의 길이의 2배, 변 FD의 길이는 변 CA의 길이의 2배, 이런 식이야."

레이 왕이 각 변의 길이를 비교해서 말했다.

**"두 삼각형에서 변의 길이의 비가 일정해요."**

나는 이렇게 말하고 다음과 같이 썼다.

$$\overline{AB} : \overline{DE} = 5cm : 10cm = 1 : 2$$

$$\overline{BC} : \overline{EF} = 4cm : 8cm = 1 : 2$$

$$\overline{CA} : \overline{FD} = 3cm : 6cm = 1 : 2$$

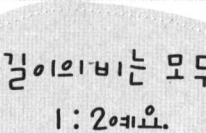

길이의 비는 모두 1 : 2예요.

우리는 변 DE를 변 AB에 대응하는 변이라고 불렀다. 마찬가지로 변 EF는 변 BC에 대응하는 변이고, 변 FD는 변 CA에 대응하는 변이었다.

이제 우리는 두 닮은 삼각형에서는 대응하는 변의 길이의 비가 일정하다는 사실을 알았다.

**"각도의 비도 1:2가 될까요?"**

"측정해 봐야죠."

매직스는 각도기로 두 삼각형의 내각을 측정했고, 그 결과는 다음과 같았다.

$\angle A=60°$      $\angle D=60°$

$\angle B=35°$      $\angle E=35°$

$\angle C=85°$      $\angle F=85°$

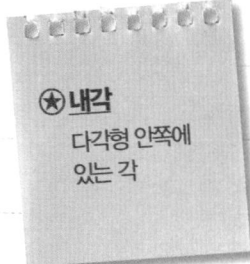

**★내각**
다각형 안쪽에 있는 각

"이야, 신기하게도 두 삼각형의 ★ 내각들이 같아요!"

왕이 놀라 소리쳤다.

"두 삼각형이 닮으면 내각의 크기들도 같아지는군요. 이렇게 같은 각도를 가지는 내각들을 대응하는 각이라고 부르는 것이 좋겠어요."

내가 제안했다.

"$\angle A$에 대응하는 각은 $\angle D$이고, $\angle B$에 대응하는 각은 $\angle E$이고,

∠C에 대응하는 각은 ∠F이네요. 그렇다면 닮은 두 삼각형에서 대응하는 각의 크기는 같군요."

매직스가 차분하게 말했다. 우리는 두 닮은 삼각형의 성질을 다음과 같이 정리했다.

## *닮은 삼각형의 성질

닮음 관계에 있는 두 삼각형에서 대응하는 변의 길이의 비는 일정하고 대응하는 각의 크기는 각각 같다.

우리는 삼각형의 닮음에 대해 많은 토론을 했다. 토론이 치열해지자 레이 왕은 졸음을 완전히 떨쳐 낸 것같이 집중을 했다. 좀 피로해 보였던 소피아도 평소의 날카로운 감각을 되찾았다. 매직스도 완전히 집중을 했다. 필요할 때마다 선보이는 매직스의 마법은 우리의 토론을 편리하게 만드는 마법의 도구가 되었다.

토론 과정에서 우리는 삼각형의 닮음 조건을 알아낼 수 있었다. 즉, 다음과 같은 세 개의 조건 중 하나를 만족하면 두 삼각형은 닮은 삼각형이 되었다.

## *삼각형의 닮음 조건

(1) 세 쌍의 대응하는 변의 길이의 비가 같다.

(2) 두 쌍의 대응하는 변의 길이의 비가 같고
그 끼인각의 크기가 같다.

(3) 두 쌍의 대응하는 각의 크기가 같다.

"**왜 두 쌍의 대응하는 각의 크기가 같으면 닮음이죠?** 세 쌍의 대응하는 각의 크기가 같아야 하는 거 아닌가요?"

소피아가 즉각 의문을 나타냈다.

"두 쌍의 대응하는 각의 크기가 같으면 나머지 대응하는 각의 크기는 무조건 같아져요."

"왜 그런가요?"

"**삼각형에서 세 내각의 합은 항상 180°이기 때문**이에요. 예를 들어 삼각형 ABC와 삼각형 DEF에서 $\angle A = \angle D$이고, $\angle B = \angle E$이면 $\angle C$는 반드시 $\angle F$와 같아져요."

"그걸 어떻게 ⭐증명하죠?"

증명도 없이 그냥 넘어갈 소피아가 아니었다. 역시 왕의 어머니다웠다.

삼각형의 닮음에 재미를 느낀 레이 왕이 곧바로 계산에 착수했다.

⭐ **증명**

어떤 사실에 증거를 제시하여 틀림없다고 밝힘.

"삼각형 ABC에서

$$\angle A + \angle B + \angle C = 180°$$

이므로, 양변에서 $\angle A$와 $\angle B$를 빼면

좌변은 $\angle A$와 $\angle B$가 없어지고……

$$\angle C = 180° - \angle A - \angle B$$

가 되는군요. $\angle A = \angle D$이고, $\angle B = \angle E$이니까

$$\angle C = 180° - \angle D - \angle E$$

가 되네요."

레이 왕은 여기까지 계산하더니 잠시 멈추고 머뭇거렸다. 그러자

매직스가 이어서 계산했다.

"삼각형 DEF에서도 세 내각의 합이 $180°$이니까

$$\angle D + \angle E + \angle F = 180°$$

가 돼요. 양변에서 $\angle D$와 $\angle E$를 빼면

$$\angle F = 180° - \angle D - \angle E$$

∠C와 ∠F의 식을 비교해 봐요.

$$\angle C = 180° - \angle D - \angle E = \angle F$$

가 돼요."

매직스는 만면에 득의양양한 미소를 띠고 있었다. 왕 앞이 아니라면 신나게 손으로 '브이' 자를 그리고 있을 것 같았다. 그 증명에 소피아가 고개를 끄덕이면서 말했다.

"아하! 그래서 $\angle C$와 $\angle F$는 항상 같아지는군요."

그렇지만 여기서 끝난 게 아니었다. 레이 왕이 이마를 접고 그 증명을 뚫어지게 바라보고 있었다. 얼굴 표정이 진지했다. 그는 고개

를 가로저으며 말했다.

"아니, 아니야. 이 증명은 아직도 뭔가 부족해요."

레이 왕의 표정은 단호했다.

"완벽한 증명 같은데……. 뭐가 부족한 건지 모르겠어요."

소피아가 아리송하다는 표정을 지었다.

"이 증명에서는 삼각형의 세 내각의 합이 항상 180°가 된다는 성질을 이용했잖아요? 우리는 이것을 증명하지 않았어요. 이것을 증명하지 않은 채 무조건 그 성질을 이용해서 문제를 푸는 것은 잘못이에요."

레이 왕의 말에는 일리가 있었다. 삼각형의 닮음을 증명해 냈다고 생각한 나머지 세 사람의 기쁨은 거품처럼 순식간에 사라져 버렸다.

"그것을 증명하는 것이 먼저였군요……. 하지만 어떻게 증명해야 할지 도무지 실마리를 잡을 수가 없네요."

매직스가 실망이 가득한 목소리로 말했다. 게다가 꽤 오랜 시간 토론을 하느라고 사실 다들 지쳐 있었다. 갑작스러운 왕의 열의에 다들 피로감을 느꼈다. 잠시 휴식 시간이 필요했다. 또 아무 자료도 없이 증명을 하려니 다들 자신이 없는 눈치였다.

"휴식도 취할 겸, 보충 자료도 찾아볼 겸 잠시 헤어져 있도록 해요. 한 시간 뒤에 다시 모여요."

레이 왕의 말에 세 사람은 자그맣게 한숨을 쉬었다.

정확히 한 시간 뒤, 우리는 왕궁 광장에 있는 원탁에 둘러앉았다. 잎사귀가 무성한 아름드리나무들이 시원한 그늘을 만들어 주었다. 야외로 나오니 왕궁 안과는 공기가 달라서 머리가 맑아지는 것 같았다.

"자모스가 오후의 토론을 진행해줘."

레이 왕이 나에게 청했다.

"자, 다들 자료도 찾아보고 나름대로 방법도 생각해 보셨을 거라고 생각합니다. 삼각형의 세 내각의 합이 $180°$가 된다는 것의 증명을 시작해 보겠습니다."

"쯧."

내 오프닝 멘트가 다소 길어지자 매직스가 대뜸 혀를 찼다. 나는 멋쩍어져서 머리를 긁적였다. 내가 생각해도 지나치게 멋을 부린 구석이 있었다.

매직스가 가장 먼저 나섰다.

"내가 증명한 방법을 얘기해 볼게요."

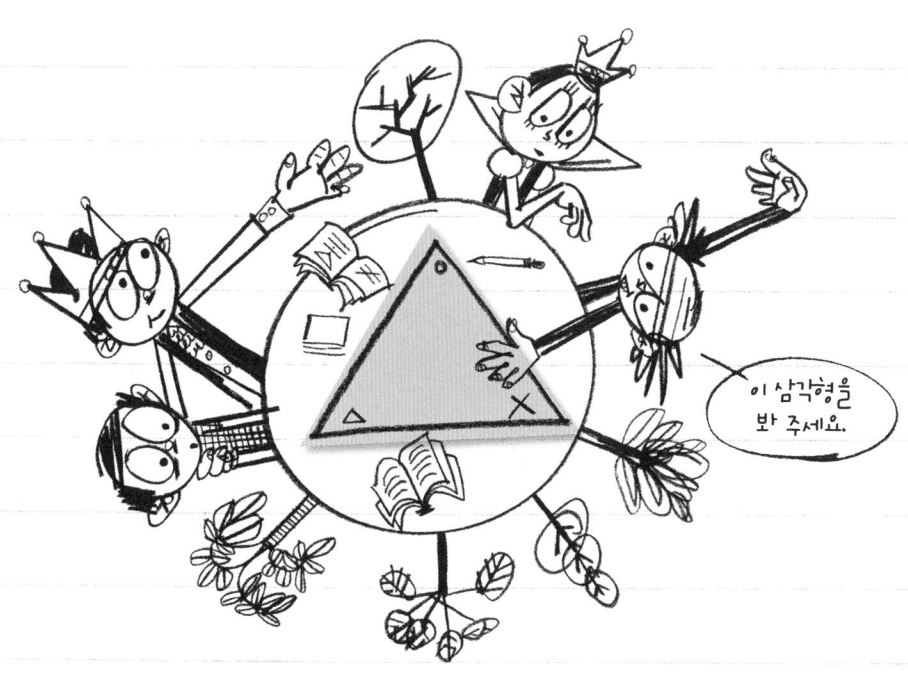

매직스는 종이로 만든 삼각형을 원탁 위에 펼쳤나.

"삼각형의 세 개의 내각은 ○, △, ×예요."

매직스는 이렇게 말하고는 다음과 같이 삼각형을 접었다.

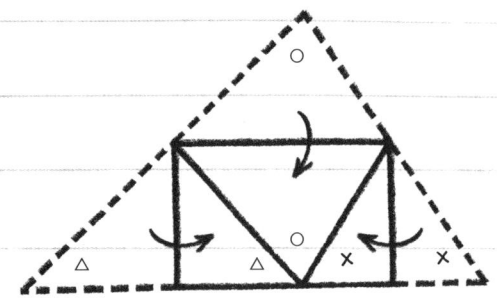

"자, 어때요? 세 내각의 합이 일직선이 되었죠? 일직선은 180°이니까 ○+△+X=180°가 돼요."

발표를 마친 매직스가 어깨를 으쓱거렸다.

"매직스 백작님, 눈으로 볼 수 있어서 좋긴 하지만 이건 증명이라고 할 수 없어요. 증명이란 논리적이어야 해요."

소피아의 항의에 매직스는 다시 어깨를 으쓱였다.

"다른 방법이 없잖아요? 쯧. 그러면 소피아 님은 어떤 걸 준비하셨나요?"

매직스가 화가 난 듯 퉁명스럽게 말했다.

"★ <u>평행선</u>의 성질을 이용해 이것을 증명할

수 있어요."

소피아는 샐쭉해진 매직스를 자극하지

않으려고 부드러운 목소리로 말했다.

"평행선의 어떤 성질을 말하는 거죠?"

내가 물었다. 소피아의 증명이

나의 흥미를 끌었다.

"두 직선 $l$, $m$이 평행하고 직선 $n$이 두 평행선과 만난다고 해

보죠."

소피아는 빙그레 웃으며 다음 그림을 그렸다.

★ **평행선**

한 평면 위에서
서로 만나지 않는
두 직선

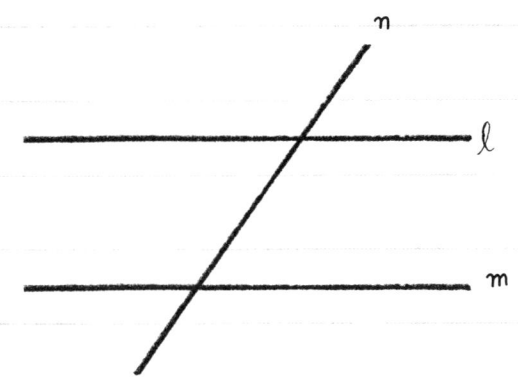

"다음의 두 각을 보세요."

소피아가 두 번째 그림을 그렸다.

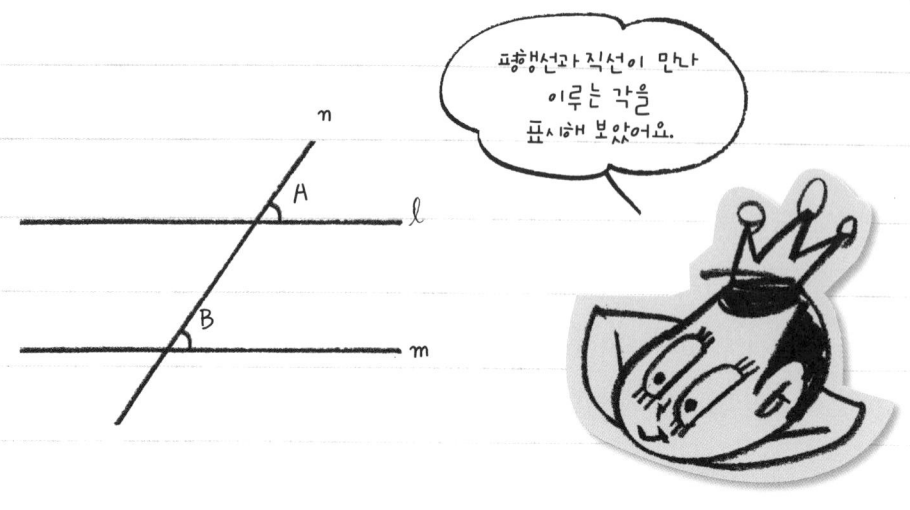

"이때 두 각 ∠A와 ∠B를 보세요. 같은 위치에 있지요?

이렇게 같은 위치에 있는 두 각을 ✸ 동위각이라고 불러요.

두 직선 $l$, $m$이 서로 평행하면 동위각의 크기는 항상 같아요."

> ✸ **동위각**
> 두 직선이 다른 한 직선과 만나서 생긴 각 중 같은 쪽에 있는 각

소피아의 말에 레이 왕이 고개를 갸웃거렸다. 뭔가 의문점이 있는 모양이었다.

"만약 평행하지 않으면요? 그때는 어떻게 되나요? 내가 그린 그림을 한번 보세요."

그러고는 다음과 같이 평행하지 않은 두 직선에 대해 동위각을 그렸다.

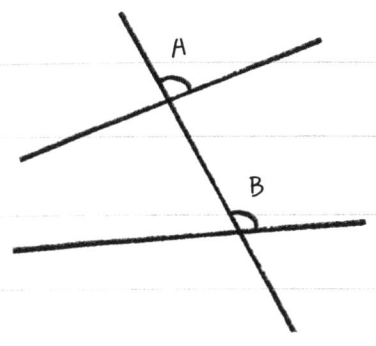

　그냥 눈으로 보아도 확실히 동위각의 크기가 다름을 알 수 있었다. 그것을 확인하기 위해서 매직스는 마법으로 평행하지 않는 직선들을 그린 뒤 동위각의 크기를 재 보았다. 어느 경우에나 동위각의 크기가 달랐다. 그래서 우리는 소피아가 주장한 내용을 평행선의 성질로 인정했다.

## *평행선의 성질

두 평행선과 다른 직선이 만날 때 동위각의 크기는 같다. 반대로 두 직선과 다른 직선이 만날 때 동위각의 크기가 같으면 두 직선은 평행이다.

소피아가 또 다른 주장을 펼쳤다. 휴식 시간 동안 쉬지도 않고 준비를 많이 한 모양이었다. 확실히 수학에 대한 열정이 남달랐다. 나는 피곤하다는 핑계로 잠깐 문제를 풀어보고는 낮잠을 잔 것이 후회되었다. 열정적인 주장을 펼치는 소피아의 자신감 넘치는 모습이 부러웠다.

**"평행선에서는 동위각뿐 아니라 엇각의 크기도 같아요."**

소피아가 다음 그림을 그렸다.

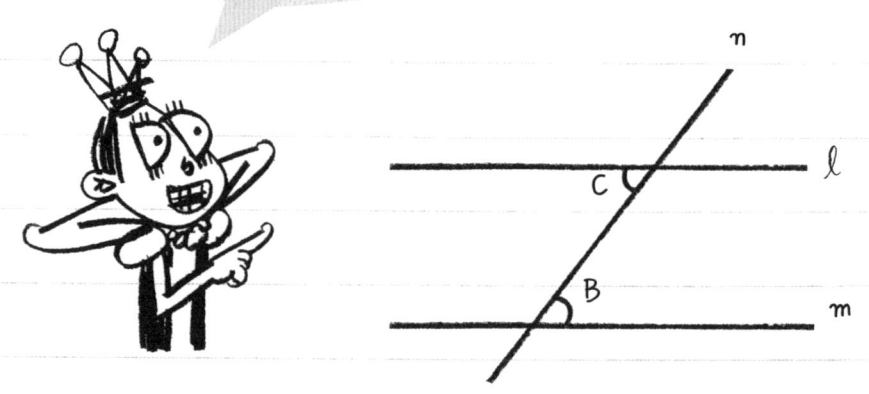

∠C와 ∠B가 서로 엇갈려서 있죠? 그래서 엇각이라 불러요.

"∠C와 ∠B는 서로 엇갈린 위치에 있는데, 이 두 각을 엇각이라고 부르지요. 두 직선 $l$, $m$이 평행하면 엇각의 크기는 항상 같아요."

소피아가 자신 있게 말했다.

"왜 그렇죠?"

내가 물었다.

그러자 소피아가 그렇게 물을 줄 알았다는 듯 씽긋 미소를 짓고는 다음 그림을 그렸다.

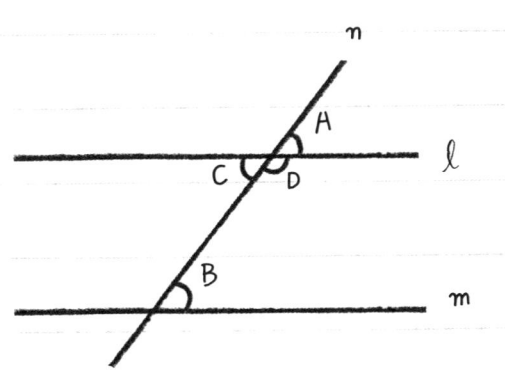

"∠A와 ∠D를 더하면 일직선이 되므로

$$\angle A + \angle D = 180°$$

가 돼요. 또한 ∠C와 ∠D를 더해도 역시 일직선을 이루므로

$$\angle C + \angle D = 180°$$

가 돼요.

자, 제가 쓴 두 식을 보세요. 여기에서 무엇을 알 수 있나요?"

소피아가 모두에게 물었다.

두 식에 공통으로 들어가 있는 것을 잘 보세요.

"∠A와 ∠C가 같아요."

내가 잽싸게 대답했다.

"맞아요. 그런데 평행선에서 동위각의 크기가 같으니까 ∠A와 ∠B가 같잖아요? 그러므로 ∠C와 ∠B는 같아야 해요."

소피아가 증명을 마쳤다.

이렇게 우리는 평행선에서 동위각의 크기와 엇각의 크기가 같다는 성질을 이해했다. 소피아의 대단한 활약 덕분이었다. 하지만 아직도 풀지 못한 숙제가 남아 있었다. 아무도 이 성질이 삼각형의 세 내각의 합이 180°라는 것은 보이는 데 어떻게 적용되는 것인지 선뜻 말하지 못했다. 우리는 삼각형 ABC를 그려 놓고 뚫어지게 바라보았다. 하지만 아무 소용 없었다.

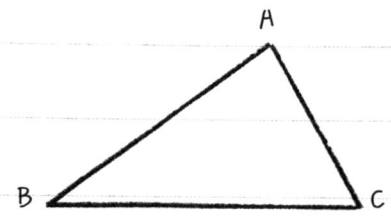

불편한 침묵을 깬 것은 레이 왕이었다.

"그렇지! 평행선을 이용하면 증명할 수 있어요."

레이 왕이 입가에 함박웃음을 지으며 말했다. 자신 있다는 제스처였다.

우리는 기대에 차서 모두 왕을 바라보았다.

"삼각형 ABC에서 변 BC와 평행하면서 꼭짓점 A를 지나는 직선을 그리는 거예요."

그러면서 레이 왕이 칠판에 다음과 같이 그렸다.

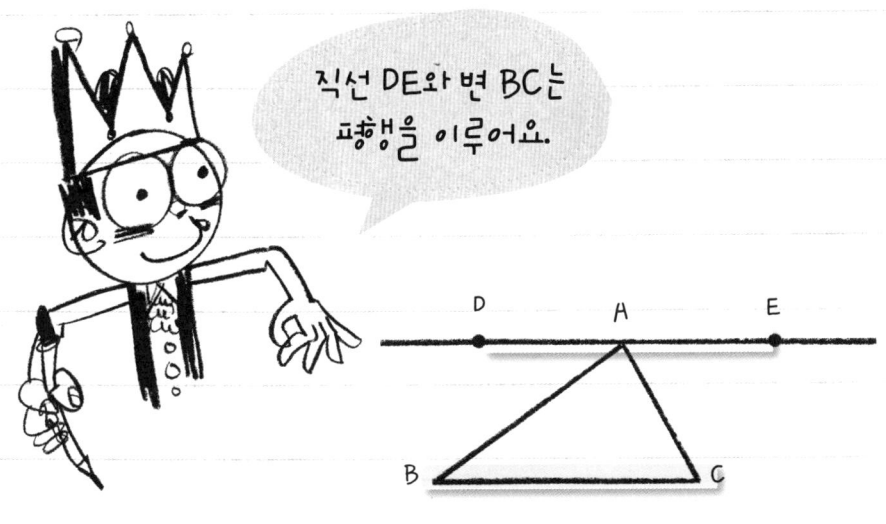

직선 DE와 변 BC는 평행을 이루어요.

"평행선과 선분 AB에 대해 엇각끼리 같으므로

$$\angle DAB = \angle B$$

마찬가지로 평행선과 선분 AC에서 엇각끼리 같으므로

$$\angle EAC = \angle C$$

가 되지요.

삼각형의 내각의 합은 $\angle A + \angle B + \angle C$인데 위 사실로부터 이것은

$$\angle A + \angle DAB + \angle EAC$$

와 같아지지요. $\angle DAB$, $\angle A$, $\angle EAC$는 일직선을 만들기 때문에

$$\angle A + \angle DAB + \angle EAC = 180°$$

가 돼요. 따라서

$$\angle A + \angle B + \angle C = 180°$$

가 되지요."

드디어 레이 왕이 해냈다!

레이 왕이 삼각형의 내각의 합이 $180°$임을 증명함으로써 우리는 두 각의 크기가 같으면 두 삼각형이 닮음이 된다는 닮음 조건을 완벽하게 증명할 수 있었다.

나는 그동안 레이 왕이 수학적 계산에 좀 약하다고 생각해 왔는데, 그 같은 선입견을 가졌던 것이 부끄러웠다. 이처럼 논리 정연한 식을 구사하는 레이 왕을 은근히 얕보고 있었다니! 나는 속으로 반성했다.

　긴 시간 토론이 이어지다 보니 어느덧 해가 저물어 있었다. 남은 과제는 내일 이어서 토론하기로 했다.

　모두 삼각형의 닮음이라는 새로운 발견에 흥분된 표정이었다. 내 가슴속에도 수학적 열정이 용솟음쳤다. 저녁 식사 시간에도 우리의 대화는 삼각형 주위를 맴돌았다.

　내일은 또 어떤 토론이 이어질까. 나는 잠자리에서도 흥분을 가라앉히지 못했다.

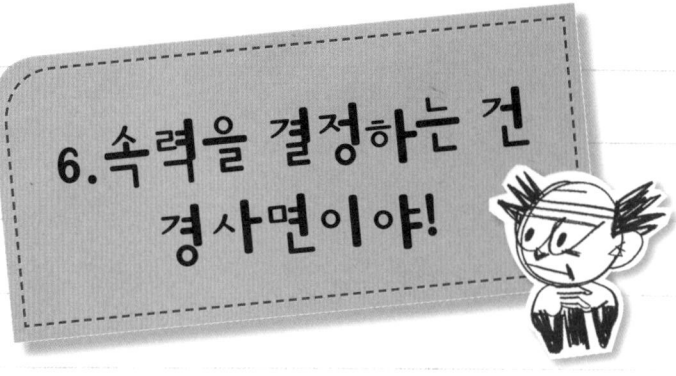

# 6. 속력을 결정하는 건 경사면이야!

다음 날 아침, 우리는 아침 식사를 마치고 다시 회의실에 모였다.

오늘의 주제는 이미 정해져 있었다. 전날 삼각형의 닮음에 대해 토론하느라 미처 해결하지 못한 과제를 다시 논의하기로 했던 것이다.

다음과 같은 경사면을 따라 구슬이 굴러 내려오는 문제였다.

이때 구슬의 순간 속력과 시간의 관계는 다음과 같았다.

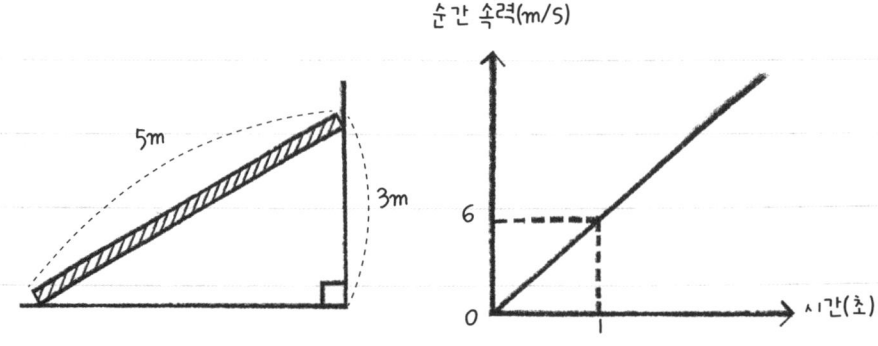

1초 때의 순간 속력이 6m/s라는 것만 주어진 그래프였다. 우리는 2초 때, 3초 때, 4초 때의 구슬의 순간 속력을 구해 어떤 규칙이 있는지 조사해 볼 생각이었다.

"이제 삼각형의 닮음을 이용해 문제를 해결해 보죠."

오늘은 내가 토론의 포문을 열었다. 내 말에 모두 고개를 갸우뚱거렸다. 눈에 보이는 삼각형은 단 하나뿐이었으니까. 역시 레이 왕이 즉각 반응했다.

"삼각형이 하나뿐인데 닮음을 어떻게 이용해?"

닮은 삼각형이 없잖아?

그 말에 나는 빙긋 웃으며 다음의 그림을 그렸다.

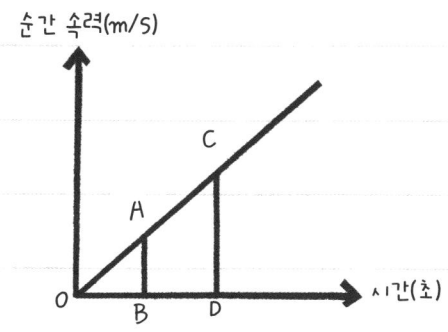

"이 그림에서 B는 1초를 나타내고 D는 2초를 나타내. 선분 AB의 길이는 1초 때의 순간 속력인 6m/s를 나타내지."

내가 말했다.

"선분 CD의 길이는 2초 때의 순간 속력이군요. 그 값을 어떻게 구하지요?"

선뜻 이해가 되지 않는지 소피아가 고개를 절레절레 흔들며 물었다.

"삼각형의 닮음을 이용하면 돼요! 이 그림에서 **삼각형 BOA와 삼각형 DOC는 닮음이에요.**"

조급한 마음에 나는 결론을 먼저 꺼냈다.

"닮음이라! 어떤 닮음 조건을 사용한 거지?"

매직스가 물었다.

"**대응하는 두 각의 크기가 같다는 조건이에요.** 두 삼각형에서 $\angle$O는 공통이에요. 그리고 $\angle$OBA와 $\angle$ODC는 직각으로 같지요."

그렇게 설명하면서 나는 다음과 같은 그림을 그렸다. 한눈에 보기에도 삼각형 BOA와 삼각형 DOC는 닮은꼴이었다.

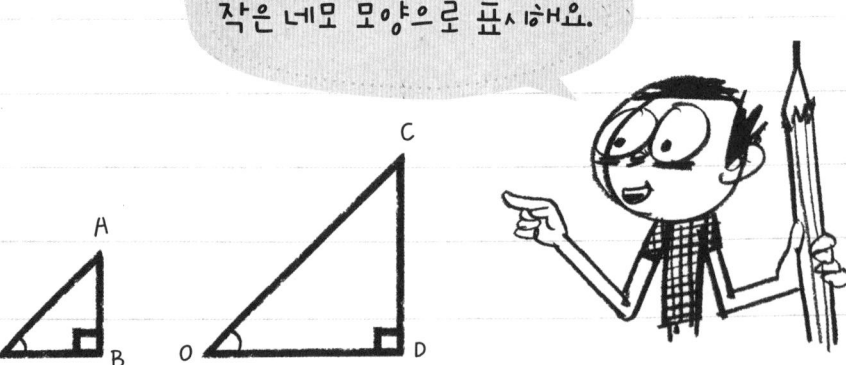

직각은 90°로, 그림과 같이 작은 네모 모양으로 표시해요.

"으흠. 자, 우리가 어제 정의한 삼각형의 닮음 조건이 떠오르는군요! 닮은 두 삼각형에서 대응하는 변의 길이의 비와 대응하는 각의 크기는 같다는 것! 내 기억이 틀리지 않았죠?"

레이 왕이 스스로 자랑스러운 듯 활짝 웃으며 말했다.

**"우리가 가장 먼저 검토해야 할 것은 변 CD의 길이, 즉 세 쌍의 대응하는 변의 길이의 비가 같은가 하는 점이예요."**

신바람이 난 레이 왕이 기분 상하지 않도록 나는 부드럽게 말했다. 다행히 레이 왕은 내 말은 염두에 두지 않고 두 삼각형을 뚫어지게 바라보고 있었다.

"변 CD와 대응하는 변은 변 AB군요."

매직스가 말했다.

"변 OB와 대응하는 변은 변 OD이고요."

소피아가 빙그레 웃으며 말했다.

"그다음에는 뭘 해야 하지?"

레이 왕이 나를 보며 물었다.

"자, 그렇다면 두 쌍의 대응하는 변의 길이의 비가 같도록 식을 세울 수 있어요. 그 식은 다음과 같아요."

나는 칠판에 재빨리 다음과 같은 비례식을 썼다.

$$\overline{OB} : \overline{OD} = \overline{AB} : \overline{CD}$$

소피아가 눈을 빛내며 그 비례식을 보더니 뒤를 이었다.

"$\overline{OB}$의 길이는 1초이고 $\overline{OD}$의 길이는 2초이고 $\overline{AB}$의 길이는 6m/s이므로 $\overline{CD}$의 길이를 □m/s라고 하면 다음과 같은 비례식이 세워지겠군요."

$\overline{CD}$의 길이는 알지 못하기 때문에 □로 표시했어요.

$$1 : 2 = 6 : \square$$

손발이 척척 맞는 소피아 같은 수학 파트너가 있다는 것은 정말 즐거운 일이었다. 그런 생각이 들자 나는 절로 기분이 좋아져서 싱글벙글 웃음이 났다.

"□는 어떻게 결정하죠?"

여태까지 비례식을 잘 이해해 오던 매직스가 그 부분에서 막혔는지 답답한 표정을 지었다.

나는 매직스를 위해서 친절하게 설명을 덧붙였다.

"닮음비를 설명하면서 '비'에 대해 토론한 것 생각나요? : 기호 앞

쪽 즉 왼쪽에 놓인 항을 전항, 오른쪽에 놓인 항을 후항이라고 했지요? **이 전항을 후항으로 나눈 값을 '비의 값'이라고 해요.** 남학생이 2명, 여학생이 4명 있다고 해 봐요. 이때 남학생 수와 여학생 수의 비는 2 : 4가 되고, 비의 값은 $\frac{2}{4}$가 되지요. $\frac{2}{4} = \frac{1}{2}$이고, $\frac{1}{2}$은 1 : 2의 비의 값도 돼요. 이렇게 **비의 값이 같을 때는 두 비도 서로 같아요.** 이것을 식으로 쓰면

$$1 : 2 = 2 : 4$$

가 되지요. 이때 이 비례식에서 내항의 곱과 외항의 곱은 항상 같아요. 이 경우 내항은 곱은 2×2=4가 되고, 외항의 곱은 1×4=4가 되지요."

내가 친절하게 설명했지만 매직스는 여전히 이해가 잘 안 되는 모양이었다. 어리둥절한 표정으로 고개를 갸웃거리더니 이렇게 묻는 것이었다.

**"내항의 곱과 외항의 곱이 어떻게 항상 같을 수 있지?"**

이럴 땐 더 자세한 설명이 필요하다. 나는 아까와는 다른 방법으로 이 부분에 대해 이야기했다.

"비의 값이 같으면 비도 같다고 했지요? 예를 들어 비 $a : b$를 살펴봐요. 이 비의 비의 값은 $\frac{a}{b}$예요. 분수는 분자와 분모에 같은 수

를 곱해도 달라지지 않으니 $\dfrac{a}{b}$ 는 $\dfrac{k \times a}{k \times b}$ 가 될 수 있어요. 즉, $a : b$ 와

$k \times a : k \times b$ 는 비의 값이 같지요. 그러므로 아래와 같은 비례식을

쓸 수 있어요.

$$a : b = k \times a : k \times b$$

이때 내항의 곱과 외항의 곱은 똑같이 $k \times a \times b$ 가 되어 같아지지요."

내 설명이 끝나자 소피아가 내 말을 받아 계산을 시작했다.

"이제 □를 구할 수 있겠어요. 내항과 외항의 곱이 같다는 비례식

의 성질을 이용하면,

$$1 \times \square = 2 \times 6$$

이 되어 $\overline{\text{CD}}$ 의 길이는 12m/s가 됩니다."

소피아의 해답에 모두 고개를 끄덕였다. 매직스도 이해가 되었는

지 얼굴 표정이 밝아졌다.

## *비의 성질

1. 비의 값이 같으면 두 비는 같다.
2. 값이 같은 비례식의 내항의 곱과
   외항의 곱은 항상 같다.

드디어 모든 준비가 끝났다. 본격적으로 오늘의 토론 주제를 검토

할 시간이 되었다.

경사면을 따라 굴러 내려오는 구슬의 순간 속력을 구할 시간이었다.

우리는 삼각형의 닮음을 이용해 3초 때, 4초 때, 5초 때의 순간 속력을 구해 표로 정리했다.

| 시간(초) | 순간 속력(m/s) |
|---|---|
| 1 | 6 |
| 2 | 12 |
| 3 | 18 |
| 4 | 24 |
| 5 | 30 |

"이렇게 정리해 놓고 보니 어떤 규칙이 보이는 것 같아요?"

매직스가 싱글거리며 우리에게 질문을 던졌다.

"호, 6의 곱셈 구구네요. 이 표를 다르게 나타내 볼 수도 있겠어요."

소피아가 싱긋 웃으며 화답했다. 그래서 소피아의 제안대로 우리는 표를 다음과 같이 나타내 보았다.

| 시간(초) | 순간 속력(m/s) |
|---|---|
| 1 | 6×1 |
| 2 | 6×2 |
| 3 | 6×3 |
| 4 | 6×4 |
| 5 | 6×5 |

표를 다르게 표시해 보니, 시간과 순간 속력 사이의 규칙이 도드라져 보였다. 어린애라도 한눈에 볼 수 있을 정도로 명쾌했다.

따라서 시간과 순간 속력의 관계는

$$(순간 속력)=6 \times (시간)$$

이 되었다.

"흐흐, 재밌어졌어. 6만 곱해 주면 되잖아?"

매직스가 우리가 함께 정리해 놓은 표를 들여다보며 흐뭇해했다.

하지만 레이 왕은 뭔가를 생각하는 듯 고개를 갸웃거리며 생각에 잠겨 있었다.

"폐하, 뭔가 의심스러운 점이 있으신가요?"

매직스가 물었다.

**"저 판의 길이가 달라지면 어떻게 될지 생각해 보고 있었어요. 과연 규칙이 그대로 적용될지, 아니면 바뀔지 등을 말이에요. 매직스 백작님! 정말 궁금하지 않아요?"**

판의 길이가 바뀌면 어떻게 되죠?

끝없는 탐구심과 호기심으로 불타는 레이 왕다운 발언이었다.

"아마도 6이 다른 수로 바뀌겠지."

내가 가볍게 대꾸했다.

"폐하, 그건 실험해 보면 단박에 알 수 있는 일인걸요! 자, 이 매직스에게 모든 것을 맡겨 주세요!"

매직스는 오늘 토론이 잘 진행되어서인지 기분이 아주 좋아 보였다. 평소의 투덜이에서 스마일맨으로 대변신을 하다니, 놀라운 일이었다. 우습게도 매직스의 혀 차는 소리를 오늘은 한 번 듣고 싶을 정도였다. 나는 그런 말도 안 되는 걸 그리워하다니 기가 막히다는 생각을 하다가 그만 나도 모르게 '쯧.' 하고 혀 차는 소리를 냈다. 레이 왕과 소피아가 눈을 동그랗게 뜨더니 웃음을 터뜨렸고, 매직스는 나를 째려보았다. 나는 덩달아 웃으며 분위기를 바꿔 보려고 노력했다.

"자, 자, 우리 또 다른 실험을 해 보자고!"

레이 왕이 나를 위기에서 구해 주었다. 매직스는 즉각 판의 길이를 두 배로 늘려 10미터로 만들었다.

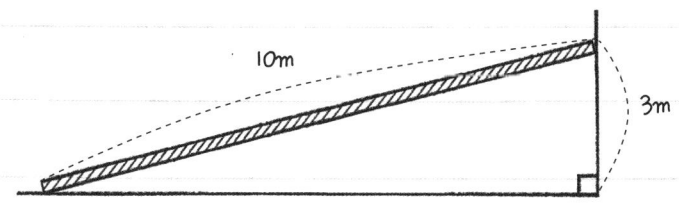

판의 길이가 두 배로 늘어나니 경사면이 전보다 완만해졌다. 곧 매직스의 활약이 이어졌다. 매직스는 꼭대기에서 구슬을 내려보내고 시간에 따른 순간 속력을 체크했다. 그 결과는 다음과 같았다.

| 시간(초) | 순간 속력(m/s) |
| --- | --- |
| 1 | 3×1 |
| 2 | 3×2 |
| 3 | 3×3 |
| 4 | 3×4 |
| 5 | 3×5 |

그러므로 순간 속력과 시간의 관계는

$$(순간 속력)=3 \times (시간)$$

이 되었다.

**"1초 때 순간 속력이 6m/s에서 3m/s로 바뀌었어요!"**

소피아가 놀라 소리쳤다.

"판의 높이가 같을 때, 판의 길이가 5미터에서 10미터로 2배 길어지자 1초 때 순간 속력이 6m/s에서 3m/s로 바뀌었어요. **판의 길이가 달라지니, 순간 속력도 덩달아 달라지는군요!**"

왕도 이 같은 변화에 놀라 눈이 휘둥그레졌다.

나는 이 같은 실험 결과 중요한 사실을 포착해 낼 수 있었다.

"이야! 1초 때 순간 속력은 판의 길이에 반비례하는군요."

"반비례가 뭐지요?" 소피아가 물었다.

'이런, 비례와 그 반대 경우인 반비례를 설명하지 않다니!'

어떻게 하면 비례와 반비례를 쉽게 설명할지 잠깐 고민하던 나는 마침 좋은 생각이 떠올랐다.

"제가 비례와 반비례에 대해 미처 설명하지 않았군요. 먼저 반비례를 설명할게요. 귤이 12개 있다고 해 보죠. 한 사람에게 이 귤을 모두 주면 그 사람은 몇 개의 귤을 먹게 될까요?"

"당연히 12개죠!"

"2명에게 나누어 주면 한 사람이 몇 개씩 먹을 수 있죠?"

"6개씩 먹을 수 있죠."

우리는 질문과 답을 주거니 받거니 했다.

자, 이제 본격적으로 반비례에 대해 이야기할 참이었다.

"지금 6개라고 한 건 $12 \times \dfrac{1}{2}$ 로 계산한 것이에요. 같은 방식으로 3명에게 나누어 주면 $12 \times \dfrac{1}{3}$ 로 계산해 한 사람이 4씩 먹을 수 있지요. 즉, 나누어주는 사람의 수가 1배, 2배, 3배로 늘어나면 한 사람이 먹을 수 있는 귤의 개수는 1배, $\dfrac{1}{2}$ 배, $\dfrac{1}{3}$ 배가 돼요. 먹을 사람의 수가 늘어날수록 각자 먹을 수 있는 귤 수는 줄어들지요. **이것을 반비례한다고 말해요.** 일반적으로 두 양 A와 B가 반비례하면

> 늘어나는 만큼 반대로 줄어든다고 해서 반대의 '반' 자가 붙었어요. 반·비·례!

$$A \times B = \text{일정한 수}$$

라는 성질을 만족하지요. 앞에서 사람의 수와 한 사람이 먹는 귤의 수를 곱하면 항상 12가 되죠? 이게 바로 일정한 수라고 생각하면 돼요."

내 자세한 설명에 다들 고개를 끄덕였다.

"반비례는 이제 알겠어. 자모스, **그럼 비례는 뭐야? 반대를 뜻하는**

반이라는 글자가 없어졌으니 이건 같이 증가하는 건가?"

"이야, 정답이에요, 매직스 백작님! 이야, 매직스 백작님 대단한 걸요."

아까 실수로 혀 차는 소리를 내어 본의 아니게 매직스를 놀렸던 나는 이참에 한껏 매직스를 치켜세웠다. 내 칭찬에 매직스가 쑥스러운지 머리를 긁적이며 "뭐, 대단한 것도 아닌데."라고 중얼거렸다.

부끄럽게… '반' 자가 없어져서 바로 알아차렸지.

"이미 다들 아셨겠지만 좀 더 자세히 설명해 볼게요. 두 양 A와 B가 있는데 A가 1배, 2배, 3배로 늘어날 때 B도 1배, 2배, 3배로 늘어난다면 두 양은 비례한다고 말해요. 예를 들어 100원짜리 물건을 1개, 2개, 3개 사면 전체 물건값은 100원, 200원, 300원이 되잖아요? 그러니까

$$전체\ 물건값 = 100 \times 물건\ 하나의\ 값$$

이라는 식을 만족하죠. 이렇게 A와 B가 비례하면

$$A \times \frac{1}{B} = \text{일정한 수}$$

라고 쓸 수 있어요."

내 설명에 소피아가 바로 말을 받았다.

**"그렇다면 판의 꼭대기 높이가 같을 경우 1초 때 순간 속력과 판의 길이는 서로 반대로 작용하니까 반비례가 되고 두 양의 곱은 일정한 수가 되는군요."**

그러면서 소피아는 다음과 같이 썼다.

$$(1초\ 때\ 순간\ 속력) \times (판의\ 길이) = (일정한\ 수)$$

"판의 길이가 10미터일 때 1초 후 순간 속력은 3m/s이고, 판의 길이가 5미터일 때 1초 후 순간 속력은 6m/s이므로 일정한 수는 $10 \times 3 = 5 \times 6 = 30$이 되어야 해요."

**"판의 길이가 길어지면 경사가 완만해지고 그 경우 1초 때 순간 속력이 줄어드는군요.** 그렇다면 판의 길이가 짧아져 경사가 급해지면 1초 때 순간 속력이 커지겠군요."

"물론이죠. 판의 길이가 4미터가 되면 1초 때 순간 속력은 7.5m/s가 돼요."

나와 소피아가 주거니 받거니 말을 이어 갔다. 우리는 역시 죽이 잘 맞는 파트너였다.

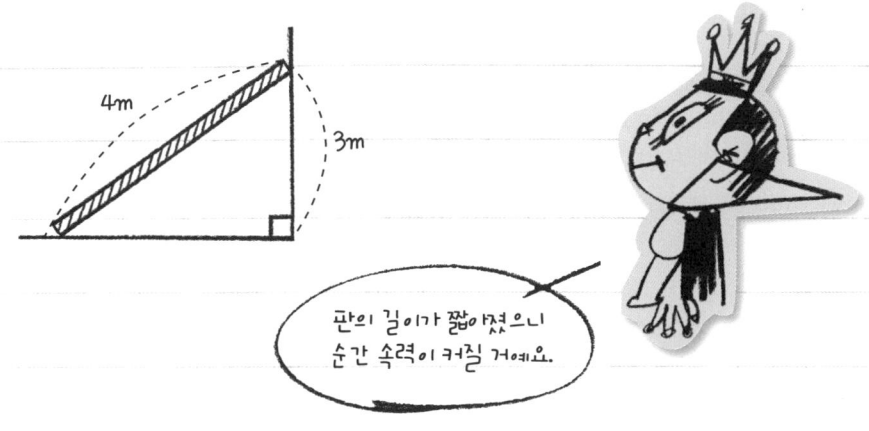

판의 길이가 짧아졌으니
순간 속력이 커질 거예요.

이로써 우리는 경사면이 완만할수록 1초 때 순간 속력이 작고, 경사면이 급할수록 1초 때 순간 속력이 크다는 사실을 알아냈다. 또한 어떤 경사면에서도 순간 속력은 시간에 비례한다는 것도 알아냈다. 큰 성과였다. 소피아와 나는 흥분으로 얼굴이 상기되었다.

우리는 이것으로 경사면을 따라 내려오는 물체의 운동에 대한 문제를 모두 해결한 줄 알았다. 하지만 끝이 아니었다. 그동안 골똘히 생각에 잠겨 우리가 주고받는 얘기를 듣기만 하던 레이 왕이 새로운 문제를 제기했다.

"그 문제에 대해서는 완벽한 해답을 얻었군요. 하지만 지금까지 얘기된 세 경우는 판의 꼭대기가 바닥으로부터 3미터 높이에 있을 때이지요. **그런데 판의 길이가 달라지지 않아도 판의 꼭대기 위치를 다르게 하면 경사가 달라져요.** 이 그림을 보면 판의 꼭대기 높이도 기울기를 결정한다는 걸 알 수 있잖아요?"

레이 왕이 새로운 의문을 제기하면서 두개의 그림을 그렸다. 두 그림은 확연히 차이가 났다. 판의 길이가 똑같이 5미터라도 판의 꼭대기 높이가 높아지면 경사도 더 급해졌다. 조건이 달라졌으므로, 우리는 다시 순간 속력을 측정하기로 했다.

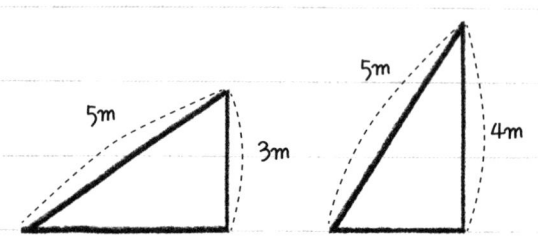

우리는 5미터 길이의 판을 꼭대기 높이가 4미터가 되도록 세우고 구슬을 굴려 순간 속력을 측정했다. 그 결과 다음과 같은 표를 얻을 수 있었다.

| 시간(초) | 순간 속력(m/s) |
|---------|--------------|
| 1 | 8 |
| 2 | 16 |
| 3 | 24 |
| 4 | 32 |
| 5 | 40 |

우리는 지난번 실험과는 완전히 다른 결과를 얻었다.

"1초 때의 순간 속력이 8m/s로 커졌어요."

소피아가 놀라 소리쳤다. 다시 각 시각에 따른 순간 속력을 구할 차례였다. 우리는 각 시각에서의 순간 속력을 1초 때의 순간 속력과 시간의 곱으로 나타내 보았다.

| 시간(초) | 순간 속력(m/s) |
|---|---|
| 1 | $8 \times 1$ |
| 2 | $8 \times 2$ |
| 3 | $8 \times 3$ |
| 4 | $8 \times 4$ |
| 5 | $8 \times 5$ |

실험 결과가 달라졌으므로 새로운 규칙을 찾아야 했다.

우리는 규칙을 찾기 위해 판의 길이는 그대로 두고 꼭대기 높이를 2미터로 줄인 후 실험해 보았다. 그 결과 다음과 같은 데이터를 얻었다.

| 시간 (초) | 순간 속력 (m/s) |
|---|---|
| 1 | $4 \times 1$ |
| 2 | $4 \times 2$ |
| 3 | $4 \times 3$ |
| 4 | $4 \times 4$ |
| 5 | $4 \times 5$ |

우리는 길이가 5미터인 판에 대해 판 꼭대기의 높이와 1초 때의 순간 속력 사이의 관계를 구할 수 있었다.

| 판 꼭대기의 높이(m) | 1초 때의 순간 속력(m/s) |
|---|---|
| 2 | 4 |
| 3 | 6 |
| 4 | 8 |

이것은 다음과 같이 곱셈으로 쓸 수 있었다.

| 판 꼭대기의 높이(m) | 1초 때의 순간 속력(m/s) |
|---|---|
| 2 | 2×2 |
| 3 | 2×3 |
| 4 | 2×4 |

"히야!"

레이 왕이 소리를 지르는 바람에 우리는 깜짝 놀랐다.

**"저것 봐요! 1초 때의 순간 속력이 판 꼭대기의 높이에 비례해요."**

레이 왕은 새로운 규칙을 찾아내고는 기뻐서 어쩔 줄 몰라 했다. 나도 흐뭇했다. 우리가 실험과 계산을 통해 수학과 물리학의 규칙들을 하나씩 발견해 가는 소중한 순간들이 아닌가.

"음, 그렇다면 경사면을 내려오는 문제에서 1초 때의 순간 속력은 판 꼭대기의 높이에 비례하고 판의 길이에 반비례하는군요. 그러면 다음과 같이 쓸 수 있어요."

나는 다음과 같은 공식을 적었다.

$$(1초 \text{ 때의 순간 속력}) = (\text{일정한 수}) \times \frac{(\text{판 꼭대기 높이})}{(\text{판의 길이})}$$

"호오, 놀라운 공식이에요."

그때까지 조용히 지켜보고만 있던 매직스가 탄성을 질렀다. 소피아의 얼굴에 흐뭇한 미소가 번졌다.

**"이런, 아직 끝난 게 아니에요. 우리는 여기서 일정한 수를 결정해야 해요."**

흥분이 좀 가라앉은 레이 왕이 침착한 어조로 말했다.

"좋은 지적이야. 우리는 많은 데이터를 가지고 있으니 그중 어떤 데이터를 넣더라도 일정한 수를 구할 수 있어요. 자, 그럼 판의 길이가 5미터이고 꼭대기 높이가 3미터인 경우의 일정한 수를 구해 보지요. 1초 때의 순간 속력이 6m/s이니까

$$6 = (\text{일정한 수}) \times \frac{3}{5}$$

이 되어, 일정한 수는 10이에요."

레이 왕과 다른 사람들을 번갈아 보며 내가 마무리를 했다. 다들 침착하게 칠판을 보고 있었지만 얼굴은 새로운 규칙을 발견해 낸

기쁨으로 밝아져 있었다.

우리는 물체가 경사면을 따라 내려올 때 순간 속력은 경사를 이루는 판의 길이와 판 꼭대기의 높이만 알면 결정할 수 있음을 알게 되었다. 우리가 구한 최종 공식은 다음과 같았다.

$$(\text{1초 때의 순간 속력}) = 10 \times \frac{(\text{판 꼭대기 높이})}{(\text{판의 길이})}$$

임의의 시간에서의 순간 속력은 1초 때의 순간 속력에 시간을 곱한 값이므로

$$(\text{순간 속력}) = 10 \times \frac{(\text{판 꼭대기 높이})}{(\text{판의 길이})} \times (\text{시간})$$

이라는 완벽한 공식을 찾는 데 성공했다. 그리고 이로부터 경사가 급한지 완만한지는 $\frac{(\text{판 꼭대기 높이})}{(\text{판의 길이})}$의 값에 따라 결정된다는 사실도 알게 되었다.

"이 기쁨을 어떻게 다 표현하지?"

레이 왕의 말에 매직스가 화답했다.

"폐하, 오늘 저녁 연회가 있지 않습니까? 새로운 규칙을 발견해

낸 즐거움을 연회에서 모두 발산해 버리자고요!"

"오오, 매직스 백작! 오늘은 정말 분위기를 착착 잘 맞추는데요!"

레이 왕의 말에 매직스의 얼굴이 붉게 달아올랐다. 그 얼굴을 본 우리는 웃음을 터뜨렸다.

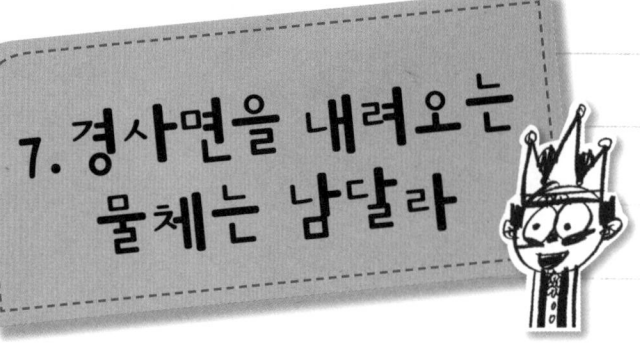

# 7. 경사면을 내려오는 물체는 남달라

"아함~!"

매직스가 늘어지게 하품을 했다.

매직스뿐만 아니라 우리 모두 졸린 표정이었다. 어젯밤 연회가 있어서 늦게까지 신나게 놀고 새벽녘에야 잠자리에 든 탓이었다. 이래서야 두뇌 회전이 제대로 될 리가 없다. 나 역시 몹시 졸리고 머리가 무거웠다. 반쯤 졸고 있는 뇌를 깨워야 하는데, 이럴 땐 내 경험상 게임이 최고였다.

"모두 피곤하고 졸린 모양이니 잠도 깰 겸 게임을 하면 어떨까요?"

"맞아, 맞아! 졸음을 깨는 데에는 게임이 최고죠~!"

연거푸 하품을 해대던 매직스가 내 말에 관심을 보이며 맞장구를 쳤다.

"그런데 어떤 게임을 할까요?"

매직스는 아무런 대안이 없는 듯 나에게 다시 물었다.

'으이그, 게으른 매직스 백작님! 가만히 보면 먼저 뭘 제안하는 법이 없단 말이야.'

나는 속으로 그것이 매직스의 버릇일지도 모른다는 생각을 했다.

"간단하지만 헷갈리는 게임이에요. 정신 안 차리면 번번이 실수할 거예요. 제가 예전에 해 봤는데 졸릴 때 하면 정말 정신이 번쩍 들더라고요. 자, 홀수일 때는 수를 외치고 짝수일 때는 손뼉을 치는 게임이에요."

소피아는 무슨 게임인지 열심히 듣다가 좀 실망한 듯 "너무 간단하잖아요?"라고 항의했다.

강한 자신감을 내비친 소피아가 가장 먼저 하고 그다음 매직스, 나, 레이 왕의 순서로 돌아가기로 했다.

"일."

"짝."

"삼."

"짝."

…

"팔!"

레이 왕이 엉겁결에 박수 대신 숫자 '8'을 외쳤다. 아직도 잠이 덜 깬 표정이었다. 이렇게 서너 차례 게임을 했는데, 그때마다 항상 레이 왕의 차례에서 맥이 끊겼다. 너무 졸린 데다가 게임에 큰 흥미를 느끼지 못하는 듯했다. 10도 넘어가기 전에 게임이 끊기는 바람에 우리도 별반 재미가 없었다. 그래서 레이 왕이 "재미없어요, 그만하죠."라고 일방적으로 게임 중단을 선언했을 때 아무도 거기에 토를 달지 않았다.

다만 매직스만이 알 수 없는 표정으로 무언가를 생각하는 듯 허공을 바라보고 있더니 씨익 웃었다.

"매직스 백작님, 왜 그러세요?"

내가 물었다.

"봐, 손뼉을 치지 않는 수는 홀수인데 항상 2씩 차이가 나잖아?"

매직스의 말에 우리는 손뼉을 치지 않는 수들을 몇 개 써 보았다.

매직스는 자신의 말을 입증하고 싶어서인지 누가 부탁하지도 않았는데 마법으로 얼른 칠판을 만들었다.

$$1, 3, 5, 7, 9, 11, 13$$

"그렇군요. 1보다 2 큰 수가 3이고 3보다 2 큰 수가 5이고, 5보다 2 큰 수가 7이군요."

소피아가 감탄했다.

"이것 보세요. 이 수들이 마치 징검다리 같다는 생각이 들지 않나요?"

매직스가 과장된 표정으로 말했다. 매직스가 얼굴 표정을 바꿀 때마다 이마의 주름살과 눈썹이 따라 움직이는 걸 본 나는 웃음이 터질 뻔했다. 그나저나 아까 매직스가 스스로 제안하기를 꺼려한다고 생각한 건 취소! 아마도 매직스는 신하의 위치이다 보니 레이 왕과 소피아에게 발언할 기회를 더 많이 주려는 것일 거라는 생각이 들었다. 그동안 불만투성이라고만 생각했던 매직스의 충성심과 배려심이 돋보였다.

"이 매직스가 오늘 새로운 제안을 하려고 합니다. 이렇게 같은 수만큼 차이가 나게 수들이 놓였을 때 '싱검다리 수를 이룬다'라고 말할까요?"

"징검다리는 깡총깡총 뛰어서 건너니까 '깡총수를 이룬다'라고 하면 어떨까요?"

내 입에서 그 말이 튀어나온 순간 매직스의 얼굴 표정이 흐려지는 것을 본 나는 곧 실수를 깨달았다. 매직스의 제안도 참 좋았는데!

"깡총수! 딱 들어맞는 표현이네요."

소피아가 내 제안에 한 표를 던졌다.

"징검다리도 근사하지만, 깡총은 발음이 재미있어서 머릿속에 더 남을 것 같아요. 같은 수만큼 차이가 나게 놓인 수들은 깡총수를 이룬다고 하기로 하죠."

레이 왕도 내게 한 표! 결국 내 제안이 채택됐지만, 나는 못내 매직스에게 미안한 감정이 들었다. 매직스 역시 부루퉁한 표정이었다.

"매직스 백작님이 말한 징검다리를 듣고 생각난 것이니 이건 매직스 백작님이 생각해 낸 것과 다름없어요."

내 말에 매직스의 얼굴이 좀은 환해졌다.

"그럼요. 이번엔 매직스 님이 해내신 거죠!"

소피아도 어색한 분위기를 파악하고 얼른 매직스를 칭찬했다. 매직스의 얼굴이 확실히 밝아졌다.

"수들이 깡총수를 이룰 때 어떤 성질이 있는지 파악해 보는 것은 어떨까요?"

소피아가 오늘의 문제를 내놓자, 레이 왕은 회의가 있다며 일어섰다.

"나 없이 이 논의를 진행해서는 안 돼요!"

방을 나서면서도 레이 왕은 거듭 당부했다. 우리는 레이 왕의 회의가 끝난 뒤 이 문제를 다시 의논하기로 했다.

레이 왕이 없는 동안 우리는 깡총수를 이루는 수들 사이의 관계에 대해 여러 가지로 궁리해 보았다. 다양한 각도에서 이 문제를 생각해 보았지만 쉬이 답이 나오지 않았다. 한 시간쯤 지나자 머리를 싸매고 궁리하던 소피아가 손들고 일어섰다.

"어휴, 도대체 어떤 성질이 있는 건지……. 머리를 식힐 겸 나는 잠시 산책이나 다녀올래요."

소피아가 산책을 나간 뒤, 골똘히 생각하던 매직스도 할 일이 있다며 일어섰다.

　방에는 나만 남았다. 처음으로 혼자 남게 됐지만 별로 나쁜 일은 아니었다. 아니, 오히려 좋은 점도 있었다. 차분하게 혼자 궁리해 볼 수 있었다. 나는 깡총수를 이루는 수를 이렇게도 더해 보고 저렇게도 더해 보았다. 여러 계산법을 동원하다 보니 아까는 보이지 않던 규칙들이 보이기 시작했다. 나는 시간이 가는 줄도 모르고 정신없이 계산에 매달렸다. '그래, 이거야.' 드디어 깡총수를 이루는 수들 사이의 재미있는 성질이 눈에 들어왔다.

　"자모스, 얼굴빛이 환해진 걸 보니 뭔가를 발견한 모양이지?"
　매직스였다. 그의 말에 고개를 들어 보니 어느 사이엔가 세 사람 모두 돌아와서 자리에 앉아 있었다. 소피아는 산책이 도움이 되었느지 생기가 돌았지만, 레이 왕은 긴 회의를 한 탓인지 약간 지쳐 보였다.

"네, 혼자 생각한 게 도움이 되었어요. 깡총수를 이루는 수들 사이에 있는 재미있는 성질을 발견했거든요."

"어떤 성질인가요?"

원기를 회복한 소피아가 물었다.

내가 막 설명을 하려는데 레이 왕이 말을 막더니 하인에게 차와 달콤한 간식을 부탁했다.

"자모스, 설명을 막아서 미안해. 피곤할 때는 달콤한 음식이 머리 회전에 도움이 되거든. 다들 출출할 테니 요기를 한 뒤 시작하면 어떨까? 그러면 나도 즐거운 기분으로 동참할 수 있을 것 같은데."

나는 얼른 내가 발견해 낸 것을 설명하고 싶은 마음이 간절했지만, 토론 참가자인 레이 왕의 상태를 고려하지 않을 수 없었다.

"자모스, 아까 하려던 설명을 이제 시작해 주겠어?"

달콤한 간식을 먹고 나서 레이 왕이 밝게 웃으며 말했다.

"오케이. 자, 다음과 같이 네 수가 깡총수를 이루는 경우를 보죠.

$$1, 3, 5, 7$$

**이 수들의 평균을 구해 보세요.** 자, 다 구하셨죠?"

내가 의미심장한 미소를 지으며 말했다.

"그리고 이번에는 맨 처음 수와 맨 마지막 수만 남겨 보세요."

그러자 매직스가 3과 5를 지웠다.

$$1, 7$$

"남은 두 수의 평균을 구해 보세요."

내 말에 매직스가 "(1+7)÷2=4이니까 4가 돼."라고 간단히 답을
말했다.

다시 평균을
구해 보세요.

"보세요, 여러분, 아까의 네 수의 평균과, 그중 맨 처음 수와 맨 마지막 수의 평균이 서로 같잖아요? 이게 바로 제가 발견해 낸 재미있는 성질이에요."

내가 자랑스럽게 말했다.

"그런가? 우연히 같아진 거겠지. 다른 수들도 모두 그렇다고는 할 수 없어, 쯧."

매직스가 못마땅하다는 듯이 비꼬았다. 나는 그런 매직스의 태도에 발끈했다.

"두 분이 나가 계시는 동안 저 혼자 여기 앉아서 갖은 궁리를 한 끝에 알아낸 성질이라고요!"

"이러다가 다투겠어요. 자모스의 말이 맞는지 살펴보면 되잖아요?"

소피아가 끼어들었다.

"좋아요. 제가 두 시간 동안 깡총수를 이루는 여러 가지 수들에 대해 계산해 보았는데 이 규칙이 항상 성립했어요. 예를 들어 깡총수를 이루는 다음 다섯 개의 수를 보죠.

$$1, 3, 5, 7, 9$$

이 다섯 수의 평균은

$$(1+3+5+7+9) \div 5 = 5$$

예요. 여기서 맨 처음 수와 맨 마지막 수는

$$1, 9$$

이고 이 두 수의 평균은

$$( 1+9 )\div2=5$$

가 되어 역시 같아져요."

또 다른 수들을 들어 내가 말한 성질을 증명해 보이자, 세 사람은 내가 발견한 법칙에 관심을 보이기 시작했다.

그 성질이 다른 경우에도 모두 들어맞는 것인지 알아보아야 했다.

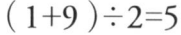

우리는 깡총수를 이루는 여러 수들에 대해 내 ★ 가설을 적용해 보기로 했다. 결국 내 가설이 깡총수를 이루는 수들에 대해 항상 성립한다는 것을 알게 되었다.

"자모스, 잘했어! 대단한 법칙을 발견했어!"

레이 왕이 나의 공로를 인정했다. 나의 가설은 공식으로 승격되어 다음과 같이 기록되었다.

## *깡총수의 평균에 대한 법칙

여러 개의 수가 깡총수를 이룰 때 이 수들의 평균은 맨 처음 수와 맨 마지막 수의 평균과 같다.

- - - - - - - - - - - - - - - - - - - - - - - - - - - - - - -

깡총수에 대해 토론하다 보니, 점심 시간이 되었다.

우리는 점심 식사를 하고 나서 각자 자유 시간을 가진 뒤 다시 모이기로 했다.

우리는 달콤한 휴식 시간을 가진 덕에 몸도 마음도 재충전이 되었다.

"자, 이제 다시 토론으로 돌아가야죠?"

레이 왕의 눈이 다시 불을 뿜고 있었다.

우리는 판의 길이가 5미터이고 판 꼭대기의 높이가 3미터인 경우를 다시 생각해 보았다. 이때 매초 구슬의 순간 속력은 다음과 같았

다. 구슬이 출발한 시간을 0초로 하고 순간 속력을 0으로 두었다.

| 시간 (초) | 순간 속력(m/s) |
|---|---|
| 0 | 0 |
| 1 | 6 |
| 2 | 12 |
| 3 | 18 |
| 4 | 24 |
| 5 | 30 |

표를 보니 1초마다 초속 6미터씩 순간 속력이 빨라지는 게 보였다.

"가만, 이것 좀 봐요! 0, 6, 12, 18, 24, 30이라면…… **순간 속력 이 깡총수를 이루고 있어요.**"

레이 왕이 들뜬 목소리로 소리쳤다.

"맞아요! 순간 속력이 깡총수를 이루면서 점점 커지고 있어요."

매직스가 탄성을 질렀다.

**"가만, 그럼 구슬이 내려간 거리도 깡총수를 이룰까요?"**

소피아가 레이 왕의 발견에서 한 발 더 나아가 새로운 문제를 내 놓았다.

"그런지 아닌지를 알기 위해서는 계산을 해 봐야지요. 처음 1초 동안 물체가 움직인 거리와 그다음 1초 동안 물체가 움직인 거리, 또 그다음 1초 동안 물체가 움직인 거리를 구해 보죠."

내가 말했다.

"맙소사. 처음 1초 동안 움직인 거리를 어떻게 계산하죠? 0초에서 1초까지 순간 속력이 점점 커지잖아요?"

웬일인지 소피아가 자신 없는 표정을 지었다.

"지금보다 더 자세한 데이터를 만들어, 그 데이터를 가지고 계산해 보면 답이 나올 거예요."

우리는 매 0.2초마다 구슬의 순간 속력을 조사해 계산하기로 했다. 계산에는 다음의 공식을 이용했다.

$$(\text{순간 속력})=10\times\frac{(\text{판 꼭대기 높이})}{(\text{판의 길이})}\times(\text{시간})$$

0.2초 간격으로 0초부터 1초까지의 순간 속력은 다음과 같았다.

| 시간(초) | 순간 속력(m/s) |
|---|---|
| 0 | 0 |
| 0.2 | 1.2 |
| 0.4 | 2.4 |
| 0.6 | 3.6 |
| 0.8 | 4.8 |
| 1 | 6 |

순간 속력을 구해 칠판에 적어 놓으니 해답이 한눈에 들어왔다.

"역시 깡총수를 이루는군요."

내가 흡족한 얼굴로 말했다.

"자, 이제 우리는 0초에서 1초 사이의 평균 속력을 구할 수 있어요. 깡총수를 이룰 때 평균은 맨 처음 수와 맨 마지막 수의 평균이니까 처음 1초 동안의 평균 속력은

$$(0+6) \div 2 = 3$$

초속 3미터가 돼요. 초속 3미터라면 1초 동안 3미터를 움직인 것이니, 처음 1초 동안 물체가 움직인 거리는 3미터가 돼요."

레이 왕이 재빠르게 계산을 마치고 나서 만족스러운 웃음을 지었다.

0초에서 1초 사이의 평균 속력을 구한 뒤, 우리는 다른 시간대의 평균 속력도 계산했다.

1초와 2초 사이에서도 매 0.2초마다 순간 속력은 깡총수를 이루었다. 그러므로 1초와 2초 사이의 평균 속력은

$$(6+12) \div 2 = 9$$

초속 9미터가 되었다. 즉, 1초와 2초 사이의 1초 동안 물체가 움직인 거리는 9미터였다.

2초와 3초 사이에서도 매 0.2초마다 순간 속력은 깡총수를 이루었다. 그러므로 2초와 3초 사이의 평균 속력은

$$(12+18) \div 2 = 15$$

초속 15미터가 되었다. 즉, 2초와 3초 사이의 1초 동안 물체가 움

직인 거리는 15미터였다. 우리는 지금까지
계산한 결과를 정리했다.

0초부터 1초 동안 움직인 거리 : 3미터
1초부터 2초 동안 움직인 거리 : 9미터
2초부터 3초 동안 움직인 거리 : 15미터

"이것 역시 깡총수를 이루는군요."

계산이 모두 끝나자, 레이 왕이 환호성을 질렀다. 우리는 매 1초
동안 물체가 움직이는 거리 역시 깡총수를 이룸을 알게 되었다.

## *경사면 법칙

물체가 경사면을 내려올 때 매 1초마다의 순간 속력은 깡총수를 이룬다. 그리고 매 1초 동안 물체가 움직인 거리 역시 깡총수를 이룬다.

- - - - - - - - - - - - - - - - - - - - - - - - - - - - -

"여기서 끝난 게 아니에요. 우리는 이것을 바탕으로 어떤 시간 동안 움직인 거리도 구할 수 있어요."

소피아가 열의를 담아 말했다.

"아이고, 그걸 왜 구해야 하죠? 쯧."

계속되는 토론에 지쳤는지 매직스가 귀찮은 듯 말했다.

"이런, 매직스 백작님, 벌써 지친 거예요? 우리가 여기에서 깡총수보다 더 재미있는 규칙을 발견할지도 모르잖아요? 힘내자고요!"

소피아는 규칙을 발견하는 즐거움에 빠져 그만 쉬고 싶어 하는 매직스를 달랬다. 매직스를 빼고는 왕도 나도 이 토론에 푹 빠져 있었다.

"1초 동안 내려온 거리는 3미터이고 1초와 2초 사이에 내려온 거리는 9미터이니까 2초 동안 내려온 거리는 3+9=12(미터)가 되는군요."

레이 왕이 말하고,

"3초 동안 내려온 거리는 2초 동안 낙하한 거리와 2초와 3초 사이에 내려온 거리의 합이니까 12+15=27(미터)가 돼요."

내가 그 말을 받았다.

우리는 이 결과를 다음과 같이 정리해 보았다.

1초 동안 내려온 거리 : 3미터

2초 동안 내려온 거리 : 12미터

3초 동안 내려온 거리 : 27미터

"이런, 어떤 규칙도 찾을 수 없잖아요, 쯧."

매직스의 필살기인 혀 차는 소리가 오랜만에 작렬했다. 그렇지만 매직스가 투덜거린다고 해서 그냥 물러설 우리가 아니었다. 레이 왕과 나, 소피아는 칠판을 뚫어져라 바라보면서 규칙을 찾기에 골몰했다.

"거리의 비를 구해 보면 어떨까요? 1초, 2초, 3초 동안 움직인 거리의 비는 3 : 12 : 27이 돼요."

새로운 돌파구를 찾고자 내가 제안했다.

"그런다고 뭐가 달라져? 아무것도 달라지는 게 없잖아, 쯧."

매직스는 집중이 되지 않는지, 아니면 딴 생각을 하는지 건성으로 칠판을 쳐다보고는 불평을 했다.

"매직스 백작, 가만히 좀 있어 봐요. 뭔가 생각나려고 한다고요! 이것 봐, 3과 12와 27은 모두 3으로 나누어지잖아요?"

레이 왕이 발견한 사실이 뭔가 중요한 실마리가 될 것 같았다.

"음. 세 수가 모두 3의 배수이기 때문이에요."

내 말에 소피아가 바로 되받았다.

"그래요, 비의 성질을 이용하면 되겠군요. 같은 수로 나누어도 비는 달라지지 않으니까 모두 3으로 나누면 낙하 거리의 비는 1 : 4 : 9가 돼요."

"쳇, 모두 쓸데없는 데 집중하고 있군요. 그런다고 뭐가 달라져요? 쯧."

"매직스 백작님, 가만히 좀 있어 봐요……."

뭔가가 생각난 듯 레이 왕이 매직스에게 조용히 할 것을 당부했다. 이따금 번뜩이는 아이디어를 내놓는 레이 왕이기에 우리는 기대감을 품고 그를 쳐다봤다. 레이 왕이 빙그레 미소를 지으며 말을 이었다.

"4는 2와 2의 곱이고 9는 3과 3의 곱이에요."

"1은 1과 1의 곱이지요."

내가 잽싸게 말했다.

"음, 그럼 1, 4, 9는 모두 같은 수들의 곱으로 나타낼 수 있군요."

강 건너 불구경하는 것처럼 멀뚱거리던 매직스가 이렇게 말하고는 칠판에 재빨리 썼다. 다시 흥미를 느낀 모양이었다.

"알아보기 쉽도록 똑같은 수를 두 개 곱하는 것을 기호로 만들면 어떨까요?"

내 제안에 다들 좋은 생각이라며 어떻게 나타내는 게 좋을지 말해 보기로 했다.

"3을 두 개 곱하는 것을 3 2라고 하면 좋겠지요?"

매직스였다.

"아이, 그러면 32와 헷갈리잖아요?"

소피아의 지적에 찔끔한 매직스가 기어들어가는 소리로 변명했다.

"다소 그렇긴 해도 3 과 2 사이가 비어 있는데……."

오늘따라 매직스의 귀차니즘이 빛을 뿜었다. 레이 왕은 그 말은 들은 체도 않고,

"$3^2$라고 쓰면 어떨까요?"

라고 제안했다.

"참 좋네요! 특히 32와 헷갈리지 않아서 좋아요."

정말 레이 왕은 빼어난 감각과 아이디어를 지니고 있었다. 나는 엄지손가락을 치켜 왕의 제안에 동의를 표했다. 한번 물꼬가 트이자, 토론은 물 흐르듯이 자연스럽게 진행되었다.

우리는 같은 두 수를 곱한 것을 그 수의 ★제곱이라고 부르기로 했다. 그리고 2의 제곱은 22이라고 쓰고 3의 제곱은 32이라고 썼다.

우리는 이쯤에서 재미있는 규칙을 발견했다. 여기에도 어김없이 일정한 규칙이 숨어 있었던 것이다!

경사면을 따라 1초 동안, 2초 동안, 3초 동안 움직인 거리의 비가 $1^2 : 2^2 : 3^2$이었다. 그리고 1초 동안, 2초 동안, 3초 동안 움직인 거리는 다음과 같이 정리되었다.

★ **제곱**
같은 수나 식을
두 번 곱하는 것

1초 동안 움직인 거리 $= 3 \times 1^2$
2초 동안 움직인 거리 $= 3 \times 2^2$
3초 동안 움직인 거리 $= 3 \times 3^2$

이것은 우리에게 일반적인 공식을 알려 주었다. 즉 어떤 시간 동안 물체가 움직인 거리는 다음과 같이 된다는 것을.

$$(거리)=3 \times (시간)^2$$

"경사면을 따라 내려올 때 임의의 시간에서의 순간 속력은 1초 때의 순간 속력에 시간을 곱한 값이므로

$$(순간 \ 속력) = 10 \times \frac{(판 \ 꼭대기 \ 높이)}{(판의 \ 길이)} \times (시간) \ (m/s)$$

이잖아요. 그런데 왜 경사면을 따라 내려온 거리는 $\frac{(판 \ 꼭대기 \ 높이)}{(판의 \ 길이)}$ 의 값과 관련이 없는 걸까요?"

소피아가 고개를 갸웃거리며 의문을 제기했다.

거리니까 판의 길이와 관련이 있을까요?

"0초와 1초 사이에 움직인 거리는 3미터에요. 그런데 이 시간 동안 물체의 순간속력은 점점 증가하고 있어요. 0초 때는 순간 속력이 0 이고 1초 때는 순간 속력이

$$10 \times \frac{(\text{판 꼭대기 높이})}{(\text{판의 길이})} \times 1 (\text{m/s})$$

가 되지요. 그렇다면 0~1초 동안의 평균속력은 0초 때의 순간 속력과 1초 때의 순간 속력의 평균이 돼요. 두 수의 평균은 두 수를 더해 2로 나눈 값이고, 2로 나눈다는 것은 $\frac{1}{2}$을 곱하는 것과 같으니 0초와 1초 사이의 물체의 평균 속력은

$$\frac{1}{2} \times (0 + 10 \times \frac{(\text{판 꼭대기 높이})}{(\text{판의 길이})} \times 1)(\text{m/s})$$

이 돼요. 이 시간 동안 물체가 이동한 거리는 평균 속력에 1초를 곱 하면 되므로 물체가 이동한 거리는

$$\text{1초 동안 움직인 거리} = \frac{1}{2} \times 10 \times \frac{(\text{판 꼭대기 높이})}{(\text{판의 길이})} \times 1^2 (\text{m})$$

가 되지요. 실험에 사용한 판의 길이는 5미터, 판 꼭대기의 높이는

3미터였으니 이 시간 동안 물체가 이동한 거리는

$$\frac{1}{2}\times 10 \times \frac{3}{5}\times 1^2$$

이 돼요. 이것을 계산해 보면 3이잖아요? 그러니까 일반적인 거리 공식은 다음과 같아요."

나는 장황하게 설명하고 다음과 같은 식을 썼다.

$$(\text{거리})=\frac{1}{2}\times 10 \times \frac{(\text{판 꼭대기 높이})}{(\text{판의 길이})}\times (\text{시간})^2$$

"이 공식과 삼각형의 닮음을 이용하면 경사가 가파를 때 더 빨리 바닥에 떨어진다는 것을 보일 수 있어요."

내가 문득 떠오른 생각을 말했다.

"어떻게요?"

소피아가 호기심 어린 눈으로 나를 보았다.

나는 다음과 같은 그림을 그렸다.

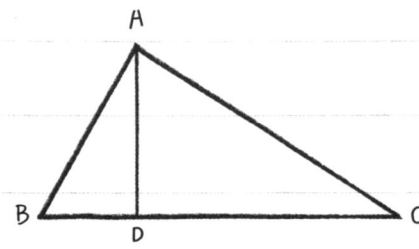

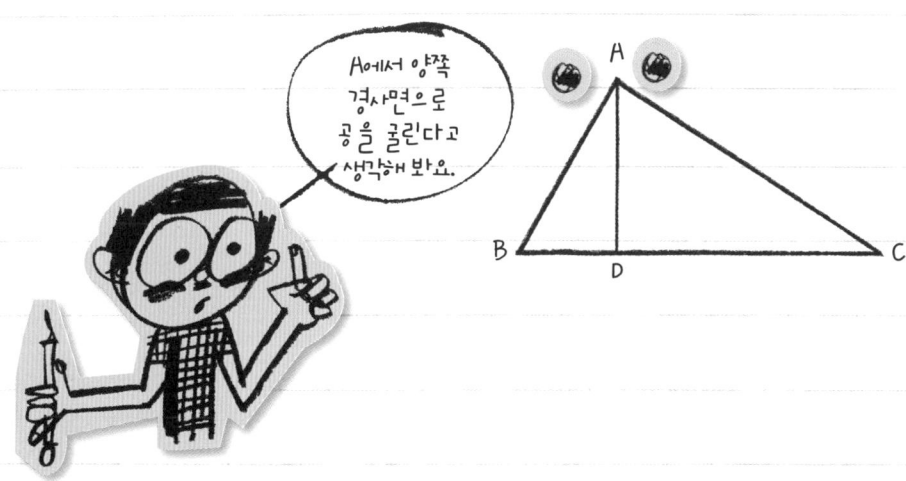

"점 A에서 구슬 두 개가 동시에 굴러 내려온다고 해 보죠. 하나는 가파른 경사면을 따라 점 B로 굴러 내려가고 다른 하나는 완만한 경사면을 따라 점 C로 내려간다고 해 보죠. 이때 경사면의 높이는 선분 AD의 길이로 두 경사면에 대해서 같아요."

내가 그림을 손으로 가리키며 설명했다.

"1초 후 두 공의 위치를 각각 점 E와 점 F라고 해요."

그러고 나서 나는 다음 그림을 그렸다.

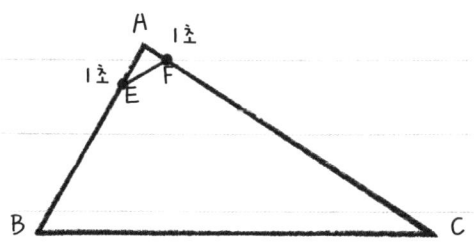

"1초 동안 급한 경사면 위의 구슬은 선분 AE의 길이만큼 내려갔고, 완만한 경사면 위의 구슬은 선분 AF의 길이만큼 내려갔어요. 1초 동안 내려간 거리는

$$\frac{1}{2} \times 10 \times \frac{(판\ 꼭대기\ 높이)}{(판의\ 길이)}$$

인데, 판 꼭대기의 높이는 같고 판의 길이는 급한 경사면일 때 더 작으니까, 1초 동안 구슬이 내려간 거리는 급한 경사면에서 더 길 거에요. 즉, 길이는 선분 AE > 선분 AF가 되지요."

모두들 숨을 죽인 채 내 설명에 귀를 기울였다. 나는 신이 났지만, 다들 잘 이해할 수 있도록 천천히 말을 이었다.

"2초 때 두 구슬의 위치를 각각 점 G와 점 H라고 해 보죠."

내가 다시 다음 그림을 그렸다.

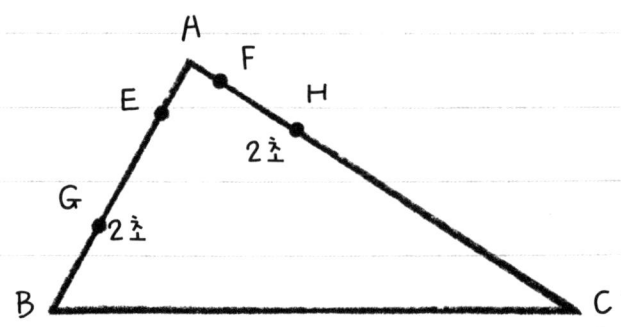

"선분 AG의 길이는 구슬이 급한 경사면을 따라 2초 동안 움직인 거리이고, 선분 AH의 길이는 구슬이 완만한 경사면을 따라 2초 동안 움직인 거리예요. 경사면을 따라 내려간 거리는 시간의 제곱에 비례하니까, 선분 AG의 길이는 선분 AE의 길이의 4배이고, 마찬가지로 선분 AH의 길이는 선분 AF의 길이의 4배가 돼요. 이제 점 E와 점 F를 선으로 연결하고 점 G와 점 H를 서로 선으로 연결해 보세요."

나는 또 다음 그림을 그렸다.

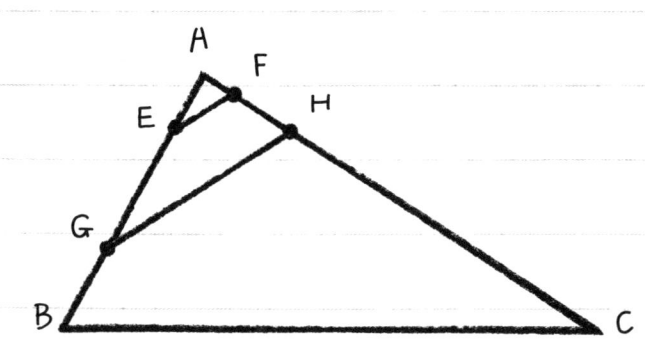

"아하! 삼각형 AEF와 삼각형 AGH가 닮음이군요."
소피아가 내가 하려던 말을 가로챘다.

"음, 잘 모르겠는데……. 어떻게 닮음이죠?"
매직스가 미안한 듯 머리를 긁적였다

닮음 조건 2번이에요.

"두 삼각형에서 변 AE와 대응하는 변은 변 AG이고, 변 AF와 대응하는 변은 변 AH예요. 그리고 ∠A는 두 삼각형의 공통각이에요. 즉,

$$AE : AG = 1 : 4, \quad AF : AH = 1 : 4$$

이고 두 변 사이의 끼인각이 ∠A로 같으니까 두 삼각형은 닮음이지요. 닮음이면 대응하는 각이 같으니까 ∠AEF와 ∠AGH가 같아요. 두 각은 동위각이죠? 동위각의 크기가 같으므로 선분 EF와 선분 GH는 평행선이 되지요."

소피아가 자세하게 설명했다.

"두 삼각형이 닮음인 것과 급한 경사면을 따라 내려간 구슬이 더 빨리 도착한다는 게 무슨 관계가 있는 건지 영 모르겠어요."

레이 왕이 도통 이해가 되지 않는지 콕 집어 물었다.

공이 굴러간 시간을 생각하며 계속 닮은 삼각형을 그려 봐요.

"각각의 시간에서 점 A와 두 구슬의 위치를 연결한 삼각형은 모두 닮은꼴이 될 거예요. 그러니까 두 구슬의 위치를 연결한 선분은 계속 평행선을 만들게 되지요. 지금 이 경우를 보면 선분 EF와 선분 GH가 평행이지요. 그러므로 급한 경사를 따라 내려간 구슬이 점 B에 도착했을 때 완만한 경사를 따라 내려간 구슬의 위치를 점 K라고 하면 선분 BK는 선분 EF, 선분 GH와 평행하게 될 거예요."

나는 모두의 이해를 돕기 위해 다음 그림을 그렸다. 그림을 본 세 사람이 고개를 끄덕였다.

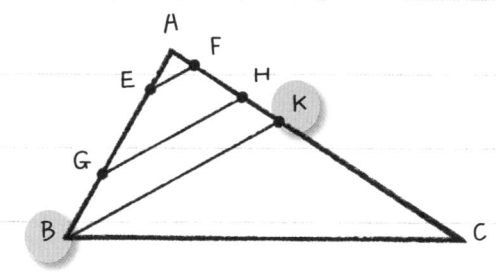

"아하! 급한 경사를 따라 내려간 구슬이 점 B에 도착할 때 완만한 경사를 따라 내려간 구슬은 아직 점 C에 도착하지 못하는군요."

레이 왕이 무릎을 탁 쳤다. 왜 그걸 미처 발견하지 못했는지 모르겠다는 표정이었다.

이렇게 우리는 같은 높이에서 물체가 내려올 때 경사가 급할수록 바닥까지 빨리 내려온다는 것을 알게 되었다.

# 8. 물풍선 테러가 알려 줬어요

"오늘은 모처럼 궁 밖으로 나가서 토론해 보도록 하지요."

레이 왕의 제안에 다들 어린애처럼 기뻐했다. 며칠이고 회의실에

서 토론을 하다 보니, 머리에 쥐가 날 지경이었다. 궁 밖으로 나서는 마음이 가벼웠다.

우리는 마차를 타고 궁을 나섰다. 피레제 시를 둘러싼 넓은 초원을 따라 달리던 마차가 멈춰 섰다.

"여기서부터는 내려서 걸

어야 해요."

소피아가 내게 말했다.

"어디로 가는 거예요?"

내 물음에 소피아는 알 듯 모를 듯한 웃음을 짓더니, "따라와 보면 알아요."라고만 말했다. 도대체 어디일까. 나는 궁금한 채로 그냥 따라가기로 했다. 우리는 너른 초원을 따라 한참을 걸었다. 멀리 마을이 보였는데, 피레제 시와는 전혀 딴판이었다. 얼기설기 지은 초가집들을 보고 나는 입을 떡 벌렸다. 원시 부족이 튀어나올 것 같은 곳이었다.

"여기가 어디예요?"

내가 소곤거리자, 소피아도 작은 소리로 대답했다.

"짐작했겠지만, 원시 부족인 피그라 부족이 사는 공동체 마을이에요. 키가 작은 부족이니 그걸 놀림거리로 삼아서는 안 돼요."

소피아는 나에게 그들의 작은 키를 놀림거리로 삼지 말라고 충고했다.

"폐하께서 피그라 부족이 다른 부족의 공격을 받지 않도록 이곳 워크라 마을에 모여 살게 해 주신 것이지."

매직스가 거만한 말투로 내게 말했다. 매직스의 어깨에 힘이 들어가 있는 게 공로를 인정해 달라고 하는 것 같았다. 레이 왕의 치적을 자기가 나서서 자랑하다니, 나는 어이가 없어서 매직스를 한번 보고, 앞서 가고 있는 레이 왕을 새삼스럽게 다시 보았다. 함께 토론할 때는 장난꾸러기 소년 같은데, 여러 나랏일을 주무르는 것을 보니 역시 왕다웠다. 동갑내기인 레이 왕이 나랏일을 꾸려 가는 걸 보고 나 역시 분발해야겠다는 생각이 들었다.

우리 일행을 마중하러 나온 피그라 부족민들이 마을 어귀에 모여 있었다. 얼핏 보기에도 마을에서 가장 키가 큰 사람이 1미터를 넘지 않아 보였다. 작은 키 때문에 어린아이들처럼 보였다.

제일 앞에 서 있던 노인이 레이 왕에게 정중하게 인사했다. 족장이었다.

"이처럼 폐하께서 친히 저희 마을을 방문해 주시다니, 이런 영광이 또 어디 있겠습니까. 폐하가 보살펴 주신 덕분에 저희 부족이 평안하고 행복하게 살고 있습니다."

그러면서 노인이 머리를 숙이자, 레이 왕도 아주 머리를 숙였다.

"모든 것이 족장님이 지혜롭기 때문입니다. 피그라 부족이 평안하게 살고 있다니 정말 기쁘고 내 마음이 든든합니다."

낯간지러운 말에 나는 웃음이 터지려는 걸 꾹 참았다. 그런데 두 사람의 말은 겉치레가 아닌 것 같았다. 서로 진심을 나누고 있었던 것이다. 나이답지 않게 점잖아진 레이 왕이 나는 놀라웠다. 천진난만한 장난꾸러기 소년은 사라지고, 나랏일을 하는 어리지만 근엄한 왕이 되었던 것이다. '자리가 사람을 만든다더니!' 나는 다시 한 번 속으로 탄복했다.

족장 뒤에 무리지어 있던 피그라 부족 사람들 역시 고개를 숙여 왕에게 예를 표시했다. 마음이 훈훈해지는 광경이었다.

그때 수많이 풍선들이 나타나 하늘을 수놓았다.

"저기 보세요! 우리를 환영해 주는 이벤트인가 봐요!"

매직스가 큰 소리로 말했다. 소피아도 레이 왕도 하늘을 쳐다보고 즐거워했다. 하지만 마을 사람들은 놀란 모습으로 허둥거렸다. 뭔가 이상했다. 게다가 풍선이 하늘에 떠다니는 게 아니라 땅으로 빠르게 떨어지고 있었다.

"아니, 저게 도대체 뭐지?"

피그라 부족 족장이 놀라 소리쳤다. 그건 그들이 준비한 이벤트가 아니란 뜻이었다. 그렇다면? 내 머리가 재빠르게 돌아갔다. 위급 상황이다!

"얼른 피해요! 모두 피해야 해요!"

내 말에 족장이 가장 가까운 건물을 손으로 가리켰다. 사람들은 영문을 모른 채로 우르르 건물 안으로 뛰어 들어갔다. 잠시 후 여기저기서 '쿵' 소리가 나면서 바닥과 건물 지붕에 풍선이 충돌했다. 재빠르게 피신하기를 정말 잘했다. 창밖으로 그 장면을 보고는 모두 놀란 표정이었다.

**"무슨 풍선이 저렇게 빨리 떨어지죠? 겉모양만 풍선인가?"**

매직스가 고개를 갸우뚱거리며 의아해했다.

"저 풍선들 안에는 물이 가득 채워져 있어요. 겉보기에만 풍선이

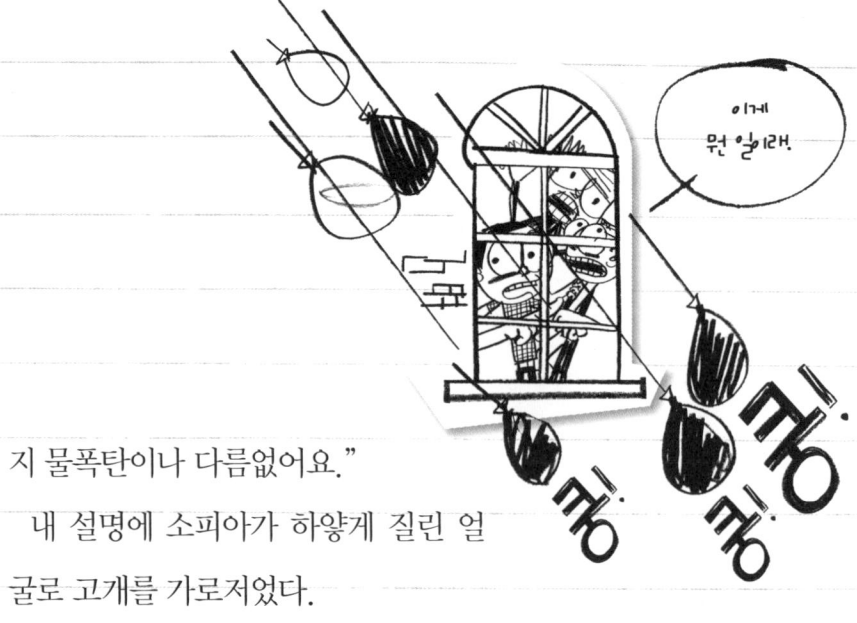

지 물폭탄이나 다름없어요."

내 설명에 소피아가 하얗게 질린 얼굴로 고개를 가로저었다.

"정말이지 네가 아니었으면 큰일날 뻔했어. 뛰어난 순간 판단력으로 위기를 넘겼어."

레이 왕이 나에게 칭찬을 했다.

"그런데 풍선이 물폭탄으로 변하면 저처럼 파괴력을 갖게 되는 건가요?"

소피아가 이제는 숨을 좀 돌렸는지 평소의 모습으로 돌아와 내게 물었다.

"그럼요. 우리가 잘 아는 것처럼 보통의 풍선은 아주 가벼운 공기로 채워져 있고, 물풍선에는 공기보다는 훨씬 무거운 물이 채워져 있어요. 물풍선 속에 물 2리터를 넣으면 물의 질량만 2킬로그램이 되니까 엄청난 파괴력을 갖게 되지요. 공기의 저항을 많이 받으면 물체가 떨어지는 속도는 느리지만, 공기의 저항을 적게 받으면 물체가 떨어지는 속도는 아주 빠르지요. **이처럼 떨어지는 물체가 받는 공기의 저항은 물체의 모양과 무게와 관련 있어요.**

종이나 낙하산처럼 물체가 **공기와 닿는 면적이 넓으면 넓을수록 공기 저항을 많이 받아요.**

그래서 종이나 낙하산은 비교적 느리게 떨어지지요. **또 물체가 같은 모양으로 생겼을 때는 물체가 무거울수록 공기 저항의 영향을 적게 받아요."**

내 자세한 설명에 소피아가 호기심을 나타냈다.

"그건 어떻게 다르죠? 얼마나 빠른가요?"

"그, 그건 측정해 봐야 정확한 데이터를 얻을 수 있어요."

나는 애써 침착하게 대답했다.

얼른 실험해 보고 싶은 듯 소피아의 눈이 반짝였다.

그때였다. 열린 창을 통해 종이 한 장이 나풀나풀 날아 들어왔다. 모두의 눈이 그 종이에 쏠렸다. 다들 머뭇거리는 사이에 매직스가 종이를 주워 내용을 읽었다. 그의 얼굴이 심각하게 일그러졌다.

소피아가 다그치듯 물었다.

"매직스 백작님, 걱정돼 죽겠어요. 도대체 무슨 일이에요?"

"혹시 앤티스가……?"

내가 물었어요.

"휴, 맞아요. 앤티스가 보낸 편지예요."

너희가 경사면을 내려오는 물체의 운동에 대해 이해했다는 것을 알았다. 그렇다면 물풍선처럼 똑바로 떨어지는 물체에 대해 1초 동안 낙하한 거리와 2초 동안 낙하한 거리, 3초 동안 낙하한 거리의 비를 구해 보거라. 두 시간 내로 풀지 못하면 너희들이 있는 건물은 물풍선 공격에 무너지게 될 것이다. 어떤 종류의 측정 장치도 사용해서는 안 된다는 것을 명심하라.

앤티스

매직스가 그 편지를 모두에게 보여 주었다.

"왕궁에 스파이라도 있는 건가요? 앤티스가 어떻게 우리의 토론 내용과 결과를 다 알고 있는 거죠?"

편지를 읽은 나는 흥분해서 물었다.

"무슨 그런 말도 안 되는!"

매직스가 큰소리를 쳤다.

그때 갑자기 '쿵' 소리와 함께 지붕에 구멍이 났다.

"도대체 누가 지붕에 구멍을 뚫는 건가?"

레이 왕이 호령했다.

"침착해야 해. 저건 물풍선이야! 아까 앤티스의 편지에도 그렇게 씌어 있었잖아!"

내 말에 레이 왕이 깜짝 놀라며 나를 돌아보았다. 소피아가 고개를 절레절레 흔들었다.

"가벼운 풍선이 지붕에 구멍을 뚫는다고?"

레이 왕이 의아해했다.

"아무리 그래도 풍선이 지붕에 구멍을 뚫는다는 건 말도 안 돼요."

소피아가 도저히 이해할 수 없다는 표정을 지었다.

"아까도 말했듯이, 풍선 안에 물이 채워져 있으면 물폭탄이 돼 버려요. 결코 가볍지 않다고요! 물 2리터가 들어 있는 물풍선의 무게는 자그마치 2킬로그램이나 나가요. 그처럼 무거운 물체가 낙하하면 점점 순간 속력이 커져서 지붕에 구멍을 뚫는 일쯤은 아무것도 아니라고요. 우리가 이러고 있을 시간이 없어요. 빨리 앤티스가 낸 문제의 해답을 찾지 못하면 결국 지붕이 무너지고 말 거예요. 그러면 결국 엄청난 속도로 떨어지는 물풍선에 맞아서……."

도저히 그다음 말을 이을 수가 없었다. 지붕이 무너지고 난 다음 목표물은 바로 우리가 될 터였다. 그 생각을 하자 입안이 바싹 말라붙었다. 악질적인 앤티스의 행동에 순간 욕이 튀어나올 뻔했다. 나뿐 아니라 모두 같은 생각을 하는 듯했다.

소피아가 울먹거리며 말했다.

"하지만 이 문제를 어떻게 풀어야 할지 모르겠어요. 순간 속력을 측정하지 못하면 움직인 거리의 비를 구할 수 없잖아요."

피그라 부족 사람들은 영문을 몰라 당황한 얼굴이었다. 우리끼리 옥신각신하는 걸 지켜보고만 있었다. 하지만 우리만 빤히 쳐다보는 그 얼굴들은 우리에게 기대를 걸고 있는 게 분명했다. 우리만 아니라 부족 사람들의 생명이 달려 있었다. 어깨가 무거웠다. 위기 상황을 넘기려면 최대한 침착해야 했다.

"그 방법을 쓸 수 없다면 다른 방법을 써야지요."

그러면서 나는 멍하니 창밖을 바라보았다. 좋은 생각이 떠올라 주기를 바랄 뿐이었다.

그때 레이 왕이 한숨을 쉬며 말했다.

"우리가 아는 건 물체가 경사면을 따라 내려오는 경우의 문제뿐이에요. 이렇게 나들이를 나올 게 아니라 더 심도 깊은 토론을 했어야 했어요."

레이 왕이 말이 나의 뇌를 자극했다. 레이 왕은 자신이 한 말이 얼마나 중요한 것인지 미처 깨닫지 못하는 것 같았다.

"경사면이라! 맞아요. 그걸 이용하면 될 거예요."

경사면의 원리를 응용하는 거예요.

내 대답에 다들 놀란 눈으로 나를 바라보았다.

"이런, 자모스! 물풍선은 경사면을 따라 내려오는 게 아니라 똑바로 떨어지잖아요?"

소피아는 이해가 안 되는지 이렇게 반문했다.

"매직스 백작님, 칠판을!"

내 말에 매직스가 얼른 마술로 칠판을 만들어 내자, 그걸 지켜 본 부족 사람들이 놀라 탄성을 질렀다. 무서워서 얼굴을 가리는 사람들도 있었다. 하지만 그걸 신경 쓰기에는 상황이 너무 급박했다.

"자, 생각해 보세요. 우리는 경사면을 따라 내려오는 물체의 순간 속력을 구하는 공식을 알고 있어요."

나는 모두에게 우리가 발견한 공식을 다시 한 번 상기시켰다. 다음과 같은 공식이었다.

$$(\text{순간 속력})=10\times\frac{(\text{판 꼭대기 높이})}{(\text{판의 길이})}\times(\text{시간})$$

그러고 나서 나는 칠판에 직각삼각형을 하나 그렸다.

"자, 이 직각삼각형의 경사면을 보세요."

칠판의 그림을 보며 세 사람은 눈만 깜빡였다. 도대체 무슨 뜻인지 모르겠다는 신호다.

"이 직각삼각형의 경사면이 꽤 가파르죠? 판의 길이는 선분 AB의 길이이고 판의 높이는 선분 AC의 길이가 되지요. 만약 경사가 더 급해진다면 판은 거의 똑바로 서 있게 될 거예요."

내가 설명했다.

"아! 그럼 오늘 구해야 할 답은 경사면을 따라 내려오는 것이 똑바로 떨어지는 경우가 되겠군요."

매직스가 내 작전을 눈치채고 얼른 대답했다. 하지만 내 설명이 부족했는지 소피아와 레이 왕은 긴가민가하는 표정이었다.

"매직스 백작님 말이 맞아요. 그러니까 똑바로 떨어지는 물체의 운동인데, 앞으로는 이것을 ★ 낙하 운동이라고 부르죠. 판의 길이와 판 꼭대기의 높이가 같을 경우 즉,

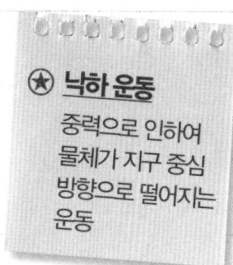

그림에서 선분 BC의 길이가 0이 되는 순간 물체는 낙하 운동을 하게 돼요. 그러니까 우리가 저번에 만든 공식으로 낙하 운동의 공식을 만들 수 있어요."

내가 자신 있게 말했다.

"자모스, 그렇다면 모든 물체가 낙하할 때 똑바로 아래로 떨어진다는 이야기야?"

매직스가 내 말이 의아했는지 눈을 깜빡거리며 물었다.

"물론이에요."

내가 확신에 찬 어조로 말했다.

"왜?"

매직스가 다시 물었다.

"그건 지구의 중력 때문이에요. **물체를 떨어지게 하는 힘이 바로 지구의 중력인데 이 힘은 지구의 중심을 향해요.** 지구의 중심은 우리가 서 있는 곳에서 똑바로 아래쪽 방향에 있지요. **물체는 힘이 작용**

한 방향으로 움직이는 경향이 있어요. 그래서 떨어지는 물체는 똑바로 아래로 내려오게 되지요."

내 설명에 매직스가 고개를 끄덕였다.

우리는 경사면을 따라 내려오는 물체의 운동 공식에서 판의 길이와 판 꼭대기의 높이가 같다고 보고 문제를 풀기도 했다. 그렇게 놓고 보니 물체의 순간 속력은 다음과 같이 되었다.

$$(순간\ 속력) = 10 \times (시간)$$

"공식이 훨씬 간단해졌네."

판의 높이와 길이가 같으니까,

$$\frac{(판\ 꼭대기\ 높이)}{(판의\ 길이)} = 1\ 이\ 되지.$$

레이 왕이 안심하는 표정을 지었다.

"그렇지? 이제 낙하하는 물체의 순간 속력은 시간에 10을 곱하기만 하면 돼요. 그러니까 1초 후 물체의 순간 속력은 10m/s, 2초 후 물체의 순간 속력은 20m/s, 3초 후 물체의 순간 속력은 30m/s, 이런 식으로 시간에 따라서 순간 속력이 점점 커지지요."

내 설명에 소피아가 날카롭게 반박했다.

"하지만 자모스, 앤티스가 요구한 것은 순간 속력이 아니에요."

"네, 소피아 님 말씀이 맞아요. 앤티스가 요구한 해답은 낙하 거리의 비이지요. 하지만 이것도 경사면에서의 공식을 이용할 수 있어요. **우리는 이미 경사면을 따라 내려오는 물체의 거리와 시간의 관계를 알고 있잖아요?**"

어느 정도 문제를 풀 자신이 생긴 나는 생긋 웃으며 다음 공식을 적었다.

$$(거리)=\frac{1}{2}\times 10\times\frac{(판\ 꼭대기\ 높이)}{(판의\ 길이)}\times(시간)^2$$

우리 모두 잘 알고 있는 공식이었다.

"하지만 이것은 물체의 낙하 운동이니까 여기에서도 판 꼭대기의 높이와 판의 길이가 같다고 놓으면 되겠군요."

매직스의 얼굴에 비로소 웃음이 돌았다. 그는 공식을 다음과 같이 고쳐 썼다.

$$(낙하\ 거리)=\frac{1}{2}\times 10\times(시간)^2=5\times(시간)^2$$

"드디어 문제를 다 풀었군요. 자, 이제 나머지는 내가 계산할게요. 물풍선이 1초 동안 낙하한 거리는 5미터이고 2초 동안 낙하한 거리는 $5 \times 2^2$미터이고 3초 동안 낙하한 거리는 $5 \times 3^2$미터이니까 낙하한 거리의 비는 $1^2 : 2^2 : 3^2$이 되어, 경사면을 따라 내려오는 물체의 운동과 같은 비가 돼요."

소피아가 함박웃음을 지으며 답을 말했다. 그 순간 창문을 통해 종이 한 장이 펄럭거리며 날아 들어왔다. 영문을 알 길 없는 부족 사람들은 긴장한 표정으로 날아 들어오는 종이를 보며 침을 꿀꺽 삼켰다. 레이 왕이 여유 만만한 웃음을 지으며 종이를 받아 들었다. 물론 이미 승자는 결정됐으니 내용이야 뻔하겠지만, 레이 왕은 침착하게 종이에 씌어 있는 말을 모조리 읽었다. 부족 사람들을 위한 배려이자 승리를 확고하게 밝히려는 제스처였다. 레이 왕의 무대 습관에 나는 쓴웃음을 지었다.

"피그라 부족 여러분, 여기에 이렇게 씌어 있군요. 나 앤티스는…… 패배를 인정하고 돌아간다. 우리가 이겼어요!"

레이 왕의 말에 부족 사람들이 기뻐서 소리를 지르며 서로 얼싸안았다. 족장이 레이 왕에게 다가와 감사를 표하자 부족민들도 그 뒤를 따라 예를 표시했다. 순수한 부족민들의 진심어린 감사에 우리는 모두 마음이 뿌듯했다.

건물 밖으로 나오자 여기저기 찢어진 풍선 조각이 보였다. 아찔한 순간을 잘 넘긴 게 천만다행이었다.

"우리뿐만 아니라 피그라 부족민까지 공포에 떨게 하다니, 앤티스는 정말 못된 괴물이에요."

"그래도 우리의 기지로 승리하지 않았습니까, 하하."

기분이 좋은지 매직스가 소피아의 말을 받았다.

하늘을 올려다보던 소피아가 갑자기 나에게 물었다.

**"같은 높이에서 물체가 가장 빨리 떨어지는 경우는 똑바로 낙하할 때겠죠?"**

"그럴 거예요."

내 대답에 레이 왕이 고개를 갸우뚱했다.

"그런 대답으로는 충분하지 않아요. 확실한 답을 구하기 위해 증명하는 작업을 거쳐야지요."

레이 왕이 이렇게 못 박았다.

이렇게 우리의 토론이 다시 시작되었다. 우리는 소피아가 제기한
문제를 증명해 보기로 했다.

기분이 좋아지면 두뇌 회전이 빨라지는지 매직스가 가장 먼저 의

견을 제시했다.

매직스는 칠판에 아래와 같은 그림을 그리고는 설명을 시작했다.

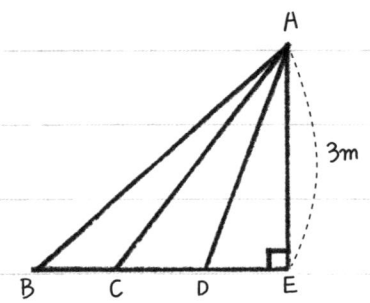

"먼저 구슬이 출발하는 위치는 점 A예요. 선분 AB의 길이를 6미터, 선분 AC의 길이를 5미터, 선분 AD의 길이를 4미터라고 해 보죠. 이제 각 점 B, C, D, E로 내려가는 네 경우를 생각해 각각의 경우 0.5초 동안 내려간 거리를 계산해 보았어요."

그러면서 매직스는 다음과 같은 표를 만들었다.

|  | 0.5초 동안 내려간 거리 |
|---|---|
| A에서 B로 가는 경우 | 0.625m |
| A에서 C로 가는 경우 | 0.75m |
| A에서 D로 가는 경우 | 0.9375m |
| A에서 E로 가는 경우 | 1.25m |

그리고 나서 아까 그린 그림에 대략 0.5초 후 구슬의 위치를 표시했다.

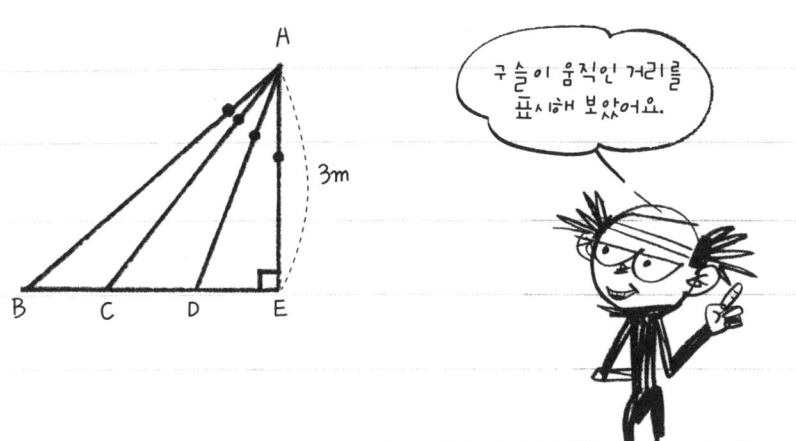

구슬이 움직인 거리를 표시해 보았어요.

"이 그림에서 볼 수 있듯이, **구슬은 낙하 운동을 할 때 0.5초 동안 가장 많이 내려와요. 그러니 낙하할 때 제일 빨리 바닥에 도착할 거예요.**"

과연 매직스다웠다. 그림으로 수학 공식을 설명하는 데에는 천부적인 재능이 있었다.

매직스 다음 차례는 소피아였다.

"매직스 백작님과 달리 **나는 삼각형의 닮음을 이용해 보았어요.**"

소피아도 우리의 이해를 돕고 설명을 쉽게 하기 위해 그림을 그렸다.

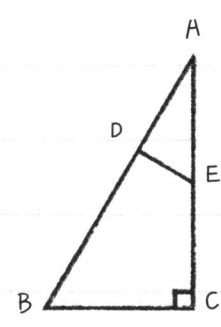

"그림에서 점 D는 구슬이 경사면을 따라 1초 동안 내려온 거리이고, 점 E는 구슬이 1초 동안 낙하한 거리예요. 1초 동안 낙하한 거리는 5미터이므로

$$\overline{AE}=5m$$

이고, 경사면을 따라 1초 동안 내려온 거리는

$$\overline{AD}=5 \times \frac{\overline{AC}}{\overline{AB}}$$

가 돼요. 이 식에 $\overline{AE}=5m$를 넣으면

$$\overline{AD}=\overline{AE} \times \frac{\overline{AC}}{\overline{AB}}$$

가 되고, 양변에 $\overline{AB}$를 곱하면

$$\overline{AB} \times \overline{AD}=\overline{AE} \times \overline{AC}$$

가 되지요. 이 식을 비례식으로 나타낼 수 있어요."
소피아가 재빨리 다음과 같이 썼다.

비례식에서 내항의 곱과 외항의 곱이 같다는 사실 기억하지요?

$$\overline{AB} : \overline{AC} = \overline{AE} : \overline{AD}$$

소피아의 설명은 막힘이 없었다.

"이제 **삼각형 ADE와 삼각형 ACB를 보세요. 두 삼각형에서** $\angle A$**는 공통이에요. 두 삼각형은 두 변의 길이의 비가 같고 끼인각의 크기가 같으므로 닮음이지요.** 즉, 변 AB에 대응하는 변은 변 AE이고, 변 AC에 대응하는 변은 변 AD예요. 닮음 관계인 두 삼각형의 대응각의 크기는 같으므로 $\angle ADE$는 직각이 되어야 해요."

소피아는 다음과 같이 그림에 직각 표시를 하고 설명을 이어 나갔다.

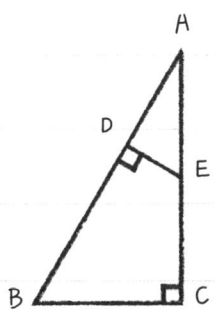

"그러니까 낙하한 구슬이 점 C에 도착했을 때 경사면을 따라 내려간 구슬의 위치는 점 C에서 변 AB로 ★수선을 그렸을 때 변 AB와 만나는 점이에요."

기나긴 설명을 해 나가던 소피아가 마침내 마지막 그림을 그렸다.

"낙하한 구슬이 바닥에 닿았을 때 경사면을 따라 내려간 구슬은 점 F에 있으니까, 낙하한 구슬이 항상 먼저 바닥에 도착한다는 것을 알 수 있지요."

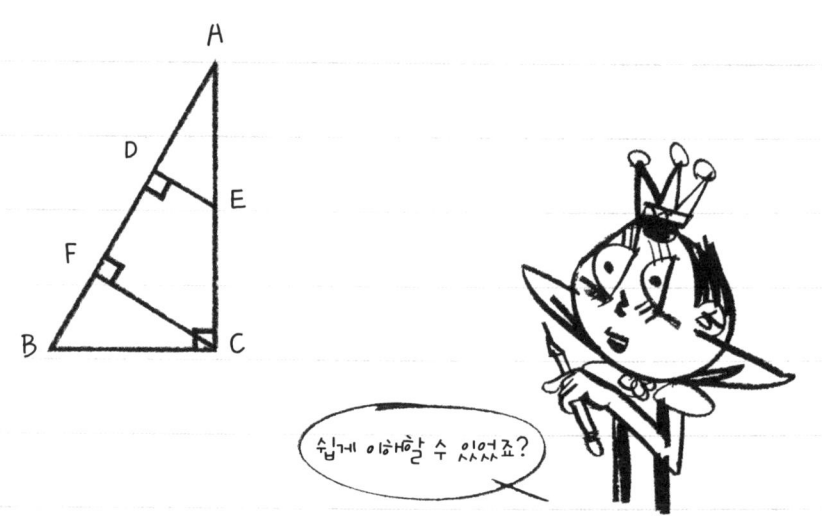

드디어 기나긴 설명이 끝났다. 우리는 박수를 쳤고, 소피아는 생긋 웃으며 우리에게 화답했다. 이렇게 소피아는 삼각형의 닮음을 이용해 같은 높이라면 물체가 낙하할 때 바닥에 제일 빨리 도착한다는 것을 증명했다.

매직스와 소피아의 설명이 끝나자 나는 다음 장소로 가기 위해 걸음을 옮겼다. 두 사람의 증명이 끝났으니 이제 우리의 토론이 끝난 줄 알았던 것이다.

"잠깐, 자모스. 의외로 성질이 급하구나. 내가 증명한 방법을 듣고 오늘 토론을 마치기로 해."

'이런, 다 끝난 게 아니었구나.'

앤티스와의 대결을 끝내서인지 긴장감이 풀려서 집중력이 좀 떨어졌다.

하지만 레이 왕은 자신의 증명을 발표하지 않고서는 토론을 끝내지 않을 것이다. 가끔 자기 멋대로 구는 레이 왕이다.

게다가 종종 독특한 아이디어를 내는 그이고 보니 구미가 당기긴 했다.

"어떤 방법이지?"

"그런 건방진 말투를 쓰다니! 자모스, 다른 사람이 발표를 하면 예의를 갖춰서 귀담아 들어야지!"

레이 왕이 기분이 나빠졌는지 퉁명스럽게 말했다.

"폐하, 얼른 그 증명을 듣고 싶습니다. 늘 창의적인 해석을 내놓곤 하시질 않습니까."

매직스가 달콤한 말로 레이 왕의 비위를 맞췄다. 잠시 토라졌던 레이 왕이 반색하며 입을 열었다.

"자, 여러분, 이 그림을 보세요."

레이 왕이 그린 그림은 호기심을 자아내서 나도 모르게 칠판 쪽으로 바싹 다가갔다.

**"나는 구슬이 경사면을 따라 거리 s만큼 내려갈 때까지 걸린 시간을 조사해 봤어요.** 경사면을 따라 내려간 거리는

$$(거리)=\frac{1}{2}\times10\times\frac{(판\ 꼭대기\ 높이)}{(판의\ 길이)}\times(시간)^2$$

이라는 건 모두 알잖아요? 판의 길이는 s이고 판 꼭대기의 높이는 5미터이죠? 이제 경사면을 따라 거리 s를 내려갈 때 걸린 시간을 t

라고 하면, 위 식은

$$s=\frac{1}{2}\times 10\times \frac{5}{s}\times t^2=5^2\times \frac{1}{s}\times t^2$$

이 되지요. 양변에 s를 곱하면

$$s^2=5^2\times t^2$$

이 되니까

$$s=5\times t$$

가 돼요. 그런데 s는 5보다 작을 수 없잖아요? 그러므로 바닥에 도착하는 데 걸린 시간 t가 제일 작아지는 경우는 s와 5가 같을 때이지요. 그러므로 낙하할 때 시간이 제일 적게 걸리는 걸 알 수 있어요."

레이 왕이 즐겁고 뿌듯한 표정으로 설명을 마쳤다. 매직스, 소피아, 레이 왕, 세 사람이 증명하는 방법은 서로 달랐지만, 모두 자기만의 방법으로 한 가지 법칙을 증명했다. 그것은 바로 이것이다.

'물체가 같은 높이에서 내려올 때 낙하하는 경우 시간이 가장 적게 걸린다.'

## 도전 -앤티스 퀴즈 3

어떤 물체가 바닥에 떨어진 순간의 순간 속력이 초속 15미터 (15m/s)라면 물체가 낙하한 총 거리는 얼마인가요?

# 떨어지는 물체는 위험하다!
## 5층에서 떨어진 볼펜에 맞아 기절한 자모스

지난밤 담력 훈련을 하던 자모스가 한 시간 가량 실종되는 사건이 있었습니다. 왕의 근위대는 피사 성의 왼쪽 성벽 아래 기절해 있던 자모스를 발견하곤 급히 방으로 옮겼습니다. 사건의 조사 관계자는 자모스가 기절해 있던 곳에서 볼펜을 발견했고, 앤티스가 볼펜의 주인으로 밝혀졌습니다. 자모스의 기절과 떨어져 있던 볼펜, 어떻게 된 일일까요? 범인으로 거론된 앤티스는 자신은 뒤에서 나쁜 짓을 하는 괴물은 아니라며, 피사 성 위를 날아가던 중 볼펜이 떨어졌을 뿐이라고 강하게 범행을 부인하고 있습니다. 레이왕은 가벼운 볼펜에 맞아 기절까지 하는 것은 불가능하다며 앤티스를 강하게 압박했습니다. 높은 곳에서 떨어진 볼펜에 맞아 기절한다는 게 가능한 일일까요? 사건을 담당한 형사는 철저하게 검증해 보겠다고 이야기했습니다.

## 형사의 검증

결론 : 높은 데에서 물체를 떨어뜨린 앤티스의 잘못이 맞다.

갈릴레이의 낙하 법칙과 깊은 관계가 있었다. 물체의 속력을 $V$m/s라고 하고 시간을 $T$초라고 해 낙하하는 물체에 적용하는 공식 '속력=10×시간'에 대입해 보면

$$V = 10 \times T$$

가 된다. 그럼 $T$시간 동안 낙하한 거리는 얼마나 될까? 이 거리를 $S$미터라고 하면

$$거리 = 5 \times (시간)^2$$

$$S = 5 \times T^2$$

가 된다. 두 공식에 모두 시간인 $T$가 들어가 있다.

$V = 10 \times T$에서 시간 $T$를 구하기 위해 양변을 10으로 나누면

$$T = \frac{1}{10} \times V$$

가 되고, 이 식을 거리 구하는 공식 $S = 5 \times T^2$에 넣어 보면

$$S = 5 \times \left(\frac{1}{10} \times V\right)^2$$

$$S = 5 \times \frac{1}{(10)^2} \times V^2 = 5 \times \frac{1}{100} \times V^2$$

$$S = \frac{1}{20} \times V^2$$

이 된다. 이 식을 보면 낙하하는 거리 $S$가 커질수록 물체의 속력 $V$도 커진다는 것을 알 수 있다. 물체의 높이가 높을수록 바닥에 닿을 때까지 낙하하는 거리도 길어져 물체의 속력도 커지게 된다. 앤

티스가 떠 있던 높이는 20미터(약 5층 높이)였으므로 거리 S에 20을 넣어 보면

$$S = \frac{1}{20} \times V^2$$

$$20 \times 20 = 20 \times \frac{1}{20} \times V^2$$

$$20^2 = V^2$$

$$20 = V$$

가 되어 볼펜의 속력($V$)은 20m/s, 초속 20미터가 되었다. 1초에 20미터씩 이동하는 엄청나게 빠른 속력이었다. 갈릴레이가 발견한 규칙에 의하면 물체의 무게는 떨어지는 속력에 영향을 미치지 못한다. 따라서 가벼운 볼펜이지만 어마어마하게 빠른 속력으로 떨어졌기 때문에 자모스가 그걸 맞고 기절한 것이다. 높이가 조금만 더 높았다면 더 큰 일이 일어날 수도 있었다. 볼펜 관리를 제대로 하지 못한 앤티스는 고의가 아니었을지라도 자모스에게 사과를 해야만 한다.

## 절대 주의!!!

아무리 가벼운 물체라도 높은 곳에서 떨어지면 속력이 어마어마하게 빨라져서 큰 사고를 부를 수 있다.

# 9. 지구가 당기니까 곡선을 그리네

나른한 오후였다. 점심을 먹고 난 나는 소화도 시키고 몰려오는 졸음도 쫓을 겸 왕궁 안을 이리저리 돌아다니다가 우연히 매직스를 보았다. 매직스는 조그마한 공 모양의 과자를 위로 똑바로 던져 올렸다가 내려올 때 그것을 입으로 받아 먹고 있었다. 매직스는 머리가 벗겨진 나이 지긋한 어른이지만, 가끔 어린애같이 유치한

행동을 한다. 나는 피식 웃음이 나왔다. 그러다 갑자기 머리를 스치며 지나가는 생각이 있었다. 그래서 나는 매직스에게 다가가 뜬금없이 물었다.

"매직스 백작님, 왜 위로 던진 물체는 끝없이 올라가지 못하고 바닥으로 떨어질까요?"

"네가 나한테 말해주었잖아. 지구가 잡아당기는 중력 때문이라고. 그러니까 우주 공간에서 공을 위로 던지면 공은 떨어지지 않을 거야. 우주 공간은 지구와 같이 중력이 강하지는 않으니까."

매직스가 과자 던지기를 멈추고는 말했다. 나는 매직스의 기억력에 놀랐다.

매직스가 다소 엉뚱해 보이고 유치한 구석은 있지만, 한번 들은 것은 머릿속에 모두 입력해 두는 것 같았다. 어쨌거나 이것이 오늘의 토론 주제로 적당할 것 같았다.

이것을 토론해 보자는 내 제안에 다들 동의했다. 과연 위로 던져진 물체는 어느 높이까지 올라가며, 왜 바닥으로 떨어지는가 하는 문제였다.

"일단 공을 30m/s의 순간 속력으로 위로 던진다고 해 보죠."

내가 제안했다.

"만일 지구가 잡아낭기시 않는다면 공은 매초 30미터씩 위로 올라가겠군요."

레이 왕이 내 말을 받았다.

"하지만 지구가 잡아당기기 때문에 낙하 운동이 일어날 거예요."

소피아가 똑 부러지게 말했다.

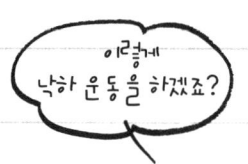

이렇게 낙하 운동을 하겠죠?

"낙하 운동 공식은 '거리$=5 \times ($시간$)^2$'이니까 계산해 보면, 1초 후에는 5미터 낙하하고 2초 후에는 20미터 낙하하고 3초 후에는 45미터 낙하해요!"

이번에는 나.

"지구가 잡아당기지 않을 때 물체가 올라가는 높이에서 낙하한 거리를 빼면 물체의 실제 높이를 알 수 있겠네요."

소피아가 중요한 가설을 세웠다. 역시 똑소리 나는 인재였다.

우리는 소피아의 가설을 바탕으로 표를 하나 만들었다.

| 시간 | 지구가 잡아당기지 않을 때 물체가 올라가는 높이 | 낙하한 거리 | 물체의 실제 높이 |
|---|---|---|---|
| 0초 | 0m | 0m | 0m |
| 1초 | 30m | 5m | 25m |
| 2초 | 60m | 20m | 40m |
| 3초 | 90m | 45m | 45m |
| 4초 | 120m | 80m | 40m |
| 5초 | 150m | 125m | 25m |
| 6초 | 180m | 180m | 0m |

그러고 나서 우리는 물체의 실제 높이를 그림으로 그려 보았다.

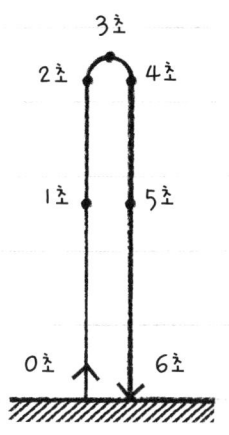

우리는 위로 던진 물체가 영원히 위로 올라가지 못하는 이유가 지구가 잡아당기기 때문이며, 물체는 어느 높이까지 올라갔다가 다시 바닥으로 떨어진다는 것을 알아냈다. 이 문제의 경우 물체가 가장

높이 올라가는 것은 던진 후 3초가 되었을 때이고, 그때 높이는 45미터였다. 이 시간의 두 배인 6초 후에 물체는 바닥으로 떨어진다는 사실도 알게 되었다.

그때 레이 왕이 "앗! 내 정신 좀 봐." 하며 몹시 허둥댔다.

"폐하, 무슨 일이 있는 건가요? 무슨 안 좋은 일이라도 벌어진 건가요?"

매직스가 레이 왕의 눈치를 살피며 물었다.

"수학 문제를 푸느라 중요한 일을 깜빡했어요. 아이고, 오늘 우리 왕국과 마구처 왕국 간에 야구 시합이 있잖아요? 진작 갔어야 했는데. 이 일을 어째?"

레이 왕이 연거푸 시계를 들여다보며 안타까워했다. 지금이라도 당장 야구장으로 달려가고 싶은 눈치였다.

"폐하, 지금 경기장에 가기에는 너무 늦은 것 같네요. 시합이 끝

날 시간이 다 되었어요."

소피아가 냉정하게 콕 집어 주었다.

"내가 야구를 좋아하는 것을 잘 알면서. 이 시간이면 경기장에 가 있어야 했는데, 왜 하필이면 이때 토론을 시작한 거예요?"

레이 왕이 뒤늦게 매직스를 꾸짖었다. 그제야 나는 레이 왕이 야구 마니아라는 사실을 알게 되었다. 매직스는 얼굴이 붉으락푸르락하더니 이윽고 원래의 얼굴색으로 돌아왔다.

"폐하, 걱정 마십시오. 이 매직스가 있지 않습니까?"

"그래서 뭐요?"

레이 왕이 다시 어린애처럼 토라졌다.

"쯧, 마법사인 저를 안 믿으시면 누굴 믿으시려고, 쯧쯧."

매직스가 연거푸 혀를 차며 마법 구슬을 공중에 던졌다. 구슬은 수건처럼 펼쳐지더니 수건이 춤을 추듯이 펄럭거리며 점점 커지면서 빛을 내기 시작했다. 나도 이번만은 매직스의 마법에 빠져들어 무엇이 나올지 기대하며 눈을 떼지 못했다.

"이얏, 야구장이잖아? 매직스, 정말 그대는 위대한 마법사야!"

금세 기분이 좋아진 레이 왕이 매직스를 칭찬했다. 죽 끓듯 하는 저 변덕이라니! 하지만 매직스는 야구 경기에서 눈을 떼지 못하는 레이 왕을 사랑스러운 눈길로 바라보았다. 흐뭇한 표정이었다. 장난감을 조르는 아들에게 원하는 장난감을 듬뿍 안겨 준 아버지의 표정이랄까.

우리는 모두 매직스가 만들어 낸 마법에 흠뻑 빠져들었다. 스포
츠를 그다지 좋아하지 않는 소피아마저 집중해서 야구 경기를 보고
있었다.

"이런, 9회 말이군요."

매직스가 나에게 찌릿, 눈빛을 보냈다. 눈치 없는 말을 내뱉었다
는 걸 뒤늦게 깨닫고 입을 다물었다.

"히야, 이런……. 우리 선수들이 2대 1로 지고 있네요. 9회 말에
투 아웃. 쉽진 않겠어요."

매직스가 마치 야구 중계를 하듯 떠들었다. 이런, 나보고는 눈치
를 주더니만. 이럴 때 보면 매직스도 참 눈치가 없다는 생각에 난
속으로 웃었다.

"야구는 9회 말 2아웃부터 시작이라는 말도 있어요. 그만큼 역전
의 기회가 있는 의외의 스포츠지요. 자, 쉿. 여기서 시원하게 홈런

을 한 방 때리면 역전할 수 있어요! 모두 숨소리도 내지 말고 집중해야 해요. 우리 선수들에게 힘을 실어 주세요!"

레이 왕이 속사포처럼 말하곤 입을 꾹 다물었다. 우리도 피사 왕국이 승리하기를 바라는 마음이 간절했기에 모두 경기에 집중했다.

사실 레이 왕의 말은 옳았다. 9회 말, 2아웃이지만 1루에 주자가 나가 있는 상황. 홈런 한 방이면 바로 3 : 2로 역전할 수 있었다.

"자, 이제 역전의 기회는 눈앞에 다가와 있습니다. 주자가 1루에 나가 있는 상황, 투 스트라이크 쓰리 볼. 이젠 공을 고를 시간이 없습니다! 무조건 받아쳐야 합니다. 자, 마구처 왕국의 투수, 힘차게 공을 뿌립니다! 모두 손에 땀을 쥐는 순간!"

캐스터가 박진감 넘치게 설명을 이어 나갔다.

'과연 어떻게 될 것인가? 피사 왕국이 통쾌한 역전을 할 것인가, 마구처 왕국이 승리를 거머쥘 것인가?'

내 심장이 마구 뛰는 소리가 들렸다.

그때 타자가 힘차게 배트를 휘둘렀다.

'타~앙!' 하는 소리와 함께 공은 빠른 속력으로 비스듬하게 위로 위로 올라갔다.

레이 왕이 자리에서 벌떡 일어나 마구 소리쳤다.

"홈런! 홈런! 홈런!"

"넘어가라! 홈런! 넘어가!"

매직스도 함께 일어나 외쳤다.

긴장된 순간이었다.

하지만 공은 시원하게 담장 밖으로 넘어가지 않고 포물선을 그리면서 점점 아래로 내려갔다. 레이 왕의 동작이 딱 멈추었다.

"이런!"

"아이고!"

홈런 펜스 바로 앞에서 공이 외야수에게 잡힌 것이다! 결국 경기는 마구처 왕국의 승리로 끝이 났다. 왕은 시무룩하다 못해 침통한 표정이었다.

"아이고. 딱 1센티미터만 더 나갔어도!"

매직스도 아쉬움에 한숨을 내쉬었다.

"올라가던 공이 왜 자꾸 아래로 떨어지는 거죠?"

레이 왕이 분통을 터뜨렸다.

"그거야 지구가 잡아당기기 때문이지요. 폐하께서 체통을 지키셔야지, 야구 경기에 졌다고 그처럼 화를 내시다니요."

소피아가 차분하게 말했다. 마치 운동 경기에는 관심이 전혀 없는 듯 냉정하게 말했지만, 아까 마지막 타자가 공을 칠 때 손수건을 꼭 쥐고 응원하고 있었던 것을 나는 다 보았다.

"이제 야구 경기도 끝나고 했으니, 우리 이 문제에 대해 토론해 보는 것은 어떨까요? 야구공의 운동에 대해 토론하기로 해요."

내 말에 매직스와 소피아가 반색했다. 하지만 아직 충격에서 벗어나지 못한 레이 왕은 내 제안을 탐탁지 않아 했다.

"야구공의 운동에 대해 알게 되면, 다음번 경기를 볼 때 도움이 될 수 있어요. 또 선수들에게 도움을 줄 수도 있지요."

소피아가 던진 미끼를 레이 왕이 덥석 물었다.

"그럴까요? 그러면 오늘은 이 문제를 진지하게 토론해 보도록 하지요."

언제 그랬냐 싶게 레이 왕이 반색하며 말했다.

"만약 지구가 잡아당기는 힘이 없다고 가정하고 야구공이 다음 그림처럼 비스듬히 위로 올라간다고 해 보죠."

나는 간단한 그림을 먼저 그렸다.

"야구공의 처음 순간 속력과 1초 후의 높이를 안다고 해 보죠. 예를 들어 야구공의 처음 순간 속력이 60m/s이고 1초 후 야구공이 바닥으로부터 30미터 높이에 있다고 해 봐요. 야구공은 1초 동안 직선으로 60미터를 가니까 1초 후 야구공의 위치는 다음 그림과 같아요. 물론 지구가 잡아당기지 않는다면 말이에요."

나는 처음 그림을 다음과 같이 수정했다.

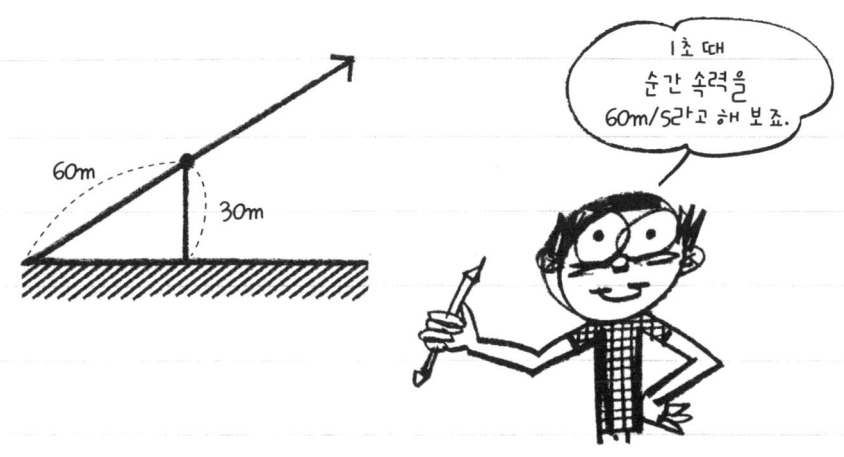

"그러나 지구가 물체를 잡아당기기 때문에 야구공은 낙하 운동을 할 거예요."

소피아가 지적했다.

"그렇죠. 1초 동안 낙하한 거리는 5미터이니까 실제 야구공의 위치는 바닥으로부터 25미터가 되지요."

나는 1초 후 야구공의 실제 위치를 나타내는 점을 찍었다.

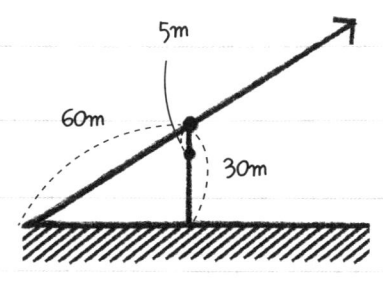

"하지만 우리는 2초, 3초 때 야구공의 위치는 아직 모르잖아?"

레이 왕이 의문을 제기했다.

"어렵게 생각할 것 없이 삼각형의 닮음을 이용하면 돼."

그러면서 나는 다음의 그림을 그렸다.

"지구가 잡아당기지 않는다면 야구공은 2초 후에 점 C에 있게 되지요. 야구공은 1초에 60미터를 움직이니까 2초 동안 간 거리는 선분 OC의 길이로, 곧 120미터가 돼요. 그리고 선분 CD의 길이는 2초 후 야구공의 높이가 되지요. 그런데 삼각형 OAB와 삼각형 OCD는 닮음 관계에 있잖아요? 그러니까 대응하는 변의 길이의 비는 같아야 해요."

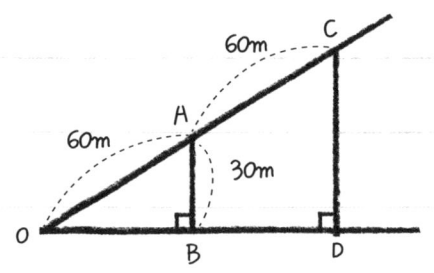

내 설명이 거의 끝나 가고 있었다.

"음, 자모스, 그다음 설명은 내가 이을게요. 변 OA에 대응하는 변은 변 OC이고 변 AB에 대응하는 변은 변 CD예요. 그러니까

$$\overline{OA} : \overline{OC} = \overline{AB} : \overline{CD}$$

가 되고, 값들을 넣으면

닮음 조건
2번이군요.

$$60 : 120 = 30 : \overline{CD}$$

가 되지요. 비례식의 내항의
곱과 외항의 곱이 같으니까

$$60 \times \overline{CD} = 120 \times 30$$

$$\overline{CD} = 60(\text{m})$$

가 되는군요."

소피아가 가볍게 계산을 마무리 지었다.

우리는 3초 후, 4초 후, 5초 후, 6초 후에 대해서도 삼각형의 닮음을 이용해 다음과 같은 그림을 그렸다.

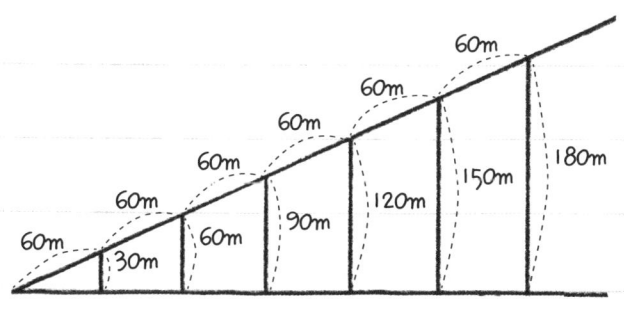

야구공을 지구가 잡아당기지 않는다면 야구공은 매초 30미터씩 올라갈 것이다. 하지만 실제로는 지구가 잡아당기기 때문에 야구공이 낙하하므로 실제 높이는 이보다 낮을 수밖에 없다. 어떤 시간 동안 낙하한 거리는 5와 시간의 제곱의 곱이므로 다음과 같은 값이 나온다.

1초 동안 낙하한 거리 : 5m

2초 동안 낙하한 거리 : 20m

3초 동안 낙하한 거리 : 45m

4초 동안 낙하한 거리 : 80m

5초 동안 낙하한 거리 : 125m

6초 동안 낙하한 거리 : 180m

따라서 매초 야구공의 실제 높이는 다음과 같이 계산되었다.

1초 후 야구공의 실제 높이 : 30−5=25(m)

2초 후 야구공의 실제 높이 : 60−20=40(m)

3초 후 야구공의 실제 높이 : 90−45=45(m)

4초 후 야구공의 실제 높이 : 120−80=40(m)

5초 후 야구공의 실제 높이 : 150−125=25(m)

6초 후 야구공의 실제 높이 : 180−180=0(m)

우리는 이 결과를 가지고 야구공의 실제 위치를 그림으로 나타내 보았다. 그 뒤 야구공의 위치들을 조심스럽게 곡선으로 이어 보았다.

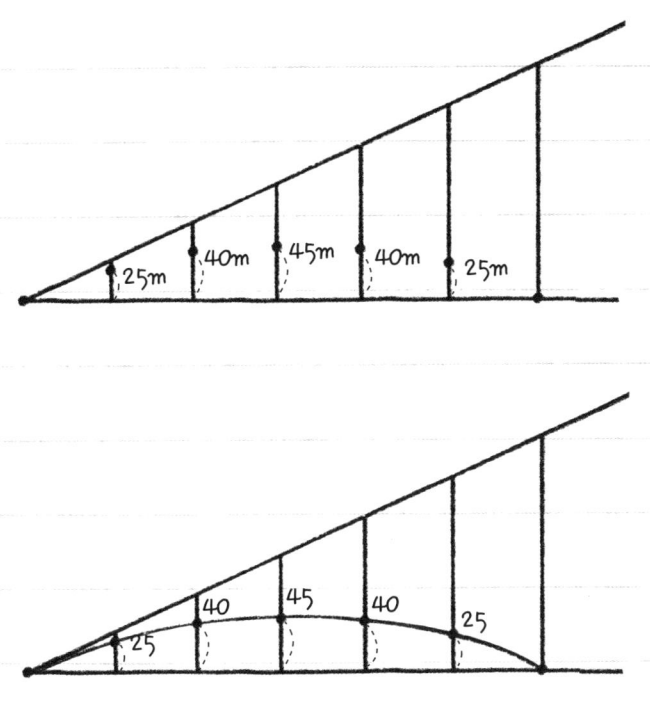

조금 전에 야구공이 날아가던 모습과 거의 흡사한 포물선이 그려졌다. 우리는 비스듬하게 던진 물체는 낙하 운동 때문에 ★포물선을 그린나는 사실을 알아냈다.

"어머나! 조금 전에 야구공이 날아가던 모습과 정말 닮았군요!"

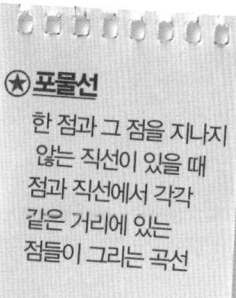

**★포물선**
한 점과 그 점을 지나지 않는 직선이 있을 때 점과 직선에서 각각 같은 거리에 있는 점들이 그리는 곡선

소피아가 탄성을 질렀다. 아까의 경기를 잊고 토론에 몰두했던 왕의 얼굴이 다시 일그러졌다. 매직스가 왕의 어깨를 감싸 안으며 위로했다. 나는 불똥이 튀기 전에 슬그머니 그 자리를 빠져나왔다. 성공적인 토론 결과를 얻고도 이처럼 눈치를 보기는 처음이었다.

'괜히 야구공의 운동에 대해 토론하자고 했나?'

# 10. 고개를 들어
# 천장을 보라

오늘은 피사 왕국의 신전에서 토론을 하기로 했다. 신전은 무척 아름다웠다. 내가 그림에서 본 중세 유럽의 성당처럼 천장이 아주 높았고, 한가운데에 아름다운 샹들리에가 긴 줄에 매달려 있었다.

하지만 그 안에 조금 있다 보니 매우 후텁지근했다.

"휴, 날씨가 더워서 그런지 이 안이 아주 덥게 느껴지네요. 에어컨을 좀 틀었으면 좋겠어요."

내 말에 매직스가 고개를 좌우로 흔들었다.

"덥더라도 참아야 해. 성스러운 신전에는 에어컨을 설치할 수 없거든."

벌겋게 달아오른 내 얼굴을 보고 레이 왕이 매직스에게 말했다.

"매직스 백작, 자모스를 위해 유리창을 활짝 여는 게 좋겠군요."

레이 왕의 말에 매직스는 마법으로 서로 마주 보고 있는 커다란 유리창을 열었다. 시원한 바람이 불어와 신전 안의 후끈한 열기를 식혀 주었다.

그때 무엇인가가 내 눈길을 잡아끌었다. 움직이는 샹들리에였다.

"저길 보세요."

내가 손가락으로 샹들리에를 가리켰다.

"왜, 무슨 문제가 있어?"

레이 왕이 깜짝 놀라 물었다. 신전에 무슨 문제라도 생긴 줄 알고 놀란 듯해서 나는 좀 미안한 생각이 들었다.

"아니. 저기 샹들리에가 줄에 매달려 그네처럼 왔다 갔다 하고 있어. 오늘은 저 운동에 대해 토론하면 어떨까?"

내 말에 레이 왕이 가슴을 쓸어내렸다.

"오늘 토론의 주제는 줄에 매달린 물체의 운동이 되겠습니다아~!"

매직스가 익살맞은 표정을 지으며 말했다.

"음. 샹들리에가 가장 높은 곳에서 가장 낮은 곳으로 내려올 때는 마치 경사면을 따라 내려오는 운동처럼 보여요."

샹들리에의 운동을 유심히 살피던 소피아가 말했다.

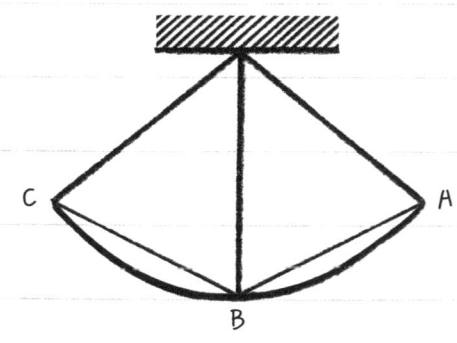

샹들리에는 주기적으로 운동을 하고 있었다. 우리는 샹들리에가 가장 높은 지점에 있을 때와 가장 낮은 지점에 있을 때를 그림과 같이 표시해 보았다.

샹들리에는 A에서 출발해 B로 내려가면서 점점 빨라져 B에서 최고의 속력이 되었다가, 점점 속력이 줄면서 A와 같은 높이의 C까지 올라갔다.

우리는 샹들리에의 움직임을 관찰해 다음과 같이 네 개의 구간으로 나눌 수 있었다.

A에서 B로 감

B에서 C로 감

C에서 B로 감

B에서 A로 감

"이제 각 구간을 지나는 동안의 시간을 측정해 보는 게 좋겠어요."

내 제안에 모두 고개를 끄덕였다. 시간 기록은 오랜만에 싸이폰이 맡았다. 나는 싸이폰에 나타난 시간 기록을 세 사람에게 보여 주었다.

"이런! 걸린 시간이 모두 같아요!"

왕이 놀란 얼굴로 말했다.

"그렇다면 샹들리에가 제자리로 돌아오는 데 걸리는 시간은 A에서 B로 내려가는 시간의 4배가 되겠군요."

이번에는 매직스가 재빠르게 계산을
마쳤다.

"샹들리에가 제자리로 돌아오는 데 걸리
는 시간을 ★ 주기라고 부르면 어떨까요?
똑같은 모습이 반복되는 것을 주기적이라
고 하잖아요."

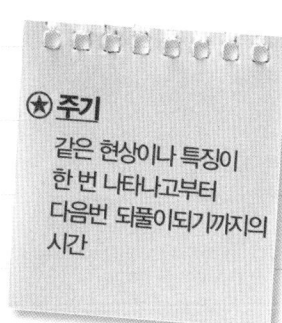

**★주기**
같은 현상이나 특징이
한 번 나타나고부터
다음번 되풀이되기까지의
시간

내 제안과 설명에 아무도 이의를 달지 않았다. 그래서 샹들리에가
제자리로 돌아오는 데 걸리는 시간을 주기라고 부르게 되었다.

**"무거운 물체를 달면 지금보다 주기가 더 길어질까요?"**

레이 왕이 자못 궁금하다는 표정으로 물었다.

우리는 같은 길이의 줄에 샹들리에 대신 좀 더 무거운 쇠공을 매달고 실험해 보았지만 주기는 달라지지 않았다. 이 실험 결과 우리는 줄에 매단 물체의 무게와 주기는 아무 관계가 없다는 것을 알게 되었다.

어디선가 자꾸만 끼익거리는 소리가 났지만, 나는 처음에는 쇠공이 내는 소리인 줄 알고 신경 쓰지 않았다. 하지만 쇠공이 내는 소리와는 달리 불쾌하고 오싹한 느낌이 들었다. 그때 열린 창으로 앤티스가 모습을 드러냈다.

"흐흐흐. 줄에 매달린 물체의 운동을 연구 중인가? 초보자들 같으니라고!"

앤티스가 기분 나쁜 목소리로 말했다.

"또 우리와 대결하자는 겁니까?"

소피아가 눈꼬리를 치키며 앤티스에게 대꾸했다.

"물론이지. 나는 너희들이 과학을 한답시고 설치는 꼴이 보기 싫어. 게다가 과학이 완성되는 꼴은 더더욱 두고 볼 수 없으니까. 으흐흐흐흐~!"

앤티스가 소피아에게 얼굴을 들이밀며 소름 끼치는 소리로 웃었다.

"자, 무슨 문제든 내 보시오. 또 초보자들에게 지는 꼴을 당하게 될 테니까."

레이 왕이 의기양양하게 말했다.

"호오~. 근거 없는 자신감이로군. 과연 나중에도 그런 말을 하게 될지 두고 보지. 자, 너희들이 간신히 초보 수준의 문제를 풀었겠다? 그 문제의 수준을 간단히 업그레이드시켜 주지. 그 줄의 길이를 다르게 하면 주기가 달라지지. 줄의 길이가 4배로 되면 주기는 2배가 되고, 줄의 길이를 9배로 하면 주기는 3배가 되지. 한 시간 안에 이 사실을 증명해 내도록 해! 만약 안 그러면!"

앤티스가 또 말을 멈췄다. 겁을 주기 위한 제스처란 걸 이제는 다 안다.

"쯧. 안 그러면 어떡할 건데?"

매직스가 앤티스를 잡아먹을 듯이 눈을 부릅뜨고 따졌다.

"이런 건방진! 어디서 눈을 부릅떠? 한 시간 안에 이 사실을 증명해 내지 못한다면, 너희는 영원히 신전에 갇히게 될 것이다, 으하하하! 으흐흐흐."

앤티스가 무섭게 우리를 노려보더니 기분 나쁜 웃음을 남기고 창밖으로 날아갔다. 그와 동시에 '덜커덩' 하는 소리와 함께 유리창이 저절로 닫혔다. 매직스가 얼른 문으로 달려가 열려고 했으나, 문은 이미 굳게 잠겨 있었다. 나는 앤티스의 기분 나쁜 웃음소리가 아직도 들리는 것 같아서 소름이 끼쳤다.

"한 시간 동안 어떻게 이 문제를 증명하죠?"

매직스가 아까의 기세와는 달리 자신 없는 목소리로 말했다.

"우선 우리는 그 법칙이 맞는지 아닌지도 모르는 상황이잖아요? 일단 앤티스의 말이 맞는지 실험해 보죠."

내가 침착하게 제안했다. 어차피 문제를 풀려면 평상심을 유지해야 한다. 긴장하면 될 일도 안 되는 법이다.

우리는 물체를 매단 줄의 길이를 다르게 하여 주기를 측정했다. 앤티스의 말대로 줄이 길어질수록 주기가 길어졌다. 줄의 길이가 4배가 되면 주기는 2배가 되었고, 줄의 길이가 9배가 되면 주기는 3배가 되었다.

"주기가 1배, 2배, 3배가 될 때 줄의 길이는 1배, 4배, 9배가 되니까 줄의 길이는 주기의 제곱에 비례하는군요."

소피아가 분석했다.

"이제 앤티스의 말이 옳다는 건 알았고, 지금부터 그 이유를 밝혀야 해요."

레이 왕이 우리가 해야 할 일을 상기시켰다. 옳은 말이었다.

**"주기는 시간이잖아요? 그렇다면 줄의 길이가 시간의 제곱에 비례하는 셈이군요."**

매직스가 말했다.

"경사면을 따라 내려오는 물체의 경우 움직인 거리가 시간의 제곱에 비례한다는 것은 알고 있지만, 그것과 줄의 길이는 관계가 없어 보여요."

소피아가 커다랗게 한숨을 쉬었다.

"일단 줄의 길이가 4배로 되었을 때의 그림을 그려 보는 게 좋겠어요."

그림을 그리면 뭔가 실마리가 잡힐 것 같아서 이렇게 제안하고, 나는 다음과 같이 그림을 그렸다.

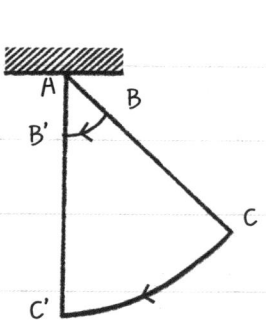

줄이 고정된 위치를 점 A로 하고 줄의 길이가 짧을 때는 B에서 B′로 이동하고, 줄의 길이가 4배가 되면 C에서 C′로 이동하는 그림이었다. 우리는 선분 AC의 길이가 선분 AB의 길이의 4배라는 것만 알고 있었다.

"어, 뭔가 감이 잡혀요! 줄의 길이가 충분히 길고 흔들리는 폭이 작으면 B에서 B'로 움직이는 것을 직선을 따라 움직이는 것으로 생각할 수 있을 것 같아요."

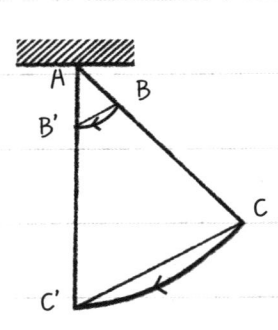

나는 이렇게 말하고 B와 B′을 연결하는 직선과 C와 C′을 연결하는 직선을 그렸다.

"그렇게 그려 놓으니 BB'와 CC'가 평행선 같아 보여요."

소피아의 말에 "정확하게 따져 보아야 해요." 하고 레이 왕이 신중한 표정으로 말했다.

"이런, 평행선인지 아닌지 증명할 방법을 모르니 이걸 어떡하죠?"

매직스가 울상이 되어 말했다.

"매직스 백작님, 걱정 마세요. 그건 내가 알아요."

나는 평행선을 증명하는 방법을 설명하기 위해 다음과 같은 그림
을 그렸다.

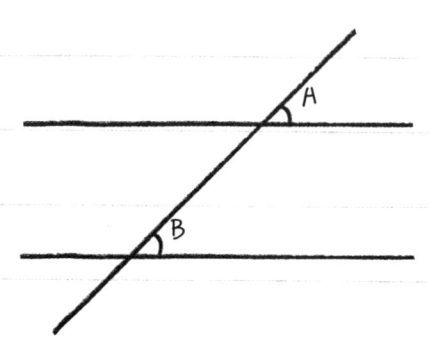

"위 두 평행선과 만나는 직선을 그렸을 때 ∠A와 ∠B는 같은 위
치에 있어요. 이렇게 같은 위치에 있는 두 각의 크기가 같으면 두
직선은 평행이에요."

"그렇다면 ∠AB′B와 ∠AC′C 가 같으면 선분 BB′과 선분 CC′는
평행이군요."

레이 왕이 잽싸게 끼어들었다.

"맞아요. 하지만 우리는 그 사실을 먼저 증명해야 해요."

내가 말했다.

"아이, 어떻게 증명하죠?"

소피아는 발이라도 동동 구를 것 같은 표정이었다.

"줄에 매달린 물체가 B에서 B′로 내려오거나 C에서 C′로 내려올 때 줄의 길이는 달라지지 않으니까 선분 AB와 선분 AB'의 길이가 같고, 마찬가지로 선분 AC와 선분 AC'의 길이도 같아요."

내가 차분하게 설명해 나갔다.

"그럼 삼각형 AB'B와 삼각형 AC'C는 ⊛ 이등변 삼각형이군요."

레이 왕이 새로운 사실을 발견했다.

"음. 그리고 보니 이등변 삼각형의 성질을 이용하면 어떨까요?"

레이 왕의 말에 새로운 생각이 떠오른 내가 말했다.

> ⊛ **이등변 삼각형**
> 두 변의 길이가 같은 삼각형
>
> ⊛ **밑각**
> 삼각형의 한 변을 밑변으로 했을 때, 그 변의 양 끝의 각

"이등변 삼각형에서 두 ⊛ 밑각의 크기는 같잖아요?"

나는 다음과 같은 이등변 삼각형의 그림을 그렸다.

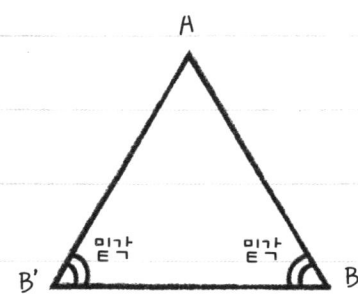

"삼각형 AB′B는 이등변 삼각형이니까 ∠AB′B를 $x$라고 하면 ∠ABB′
도 $x$가 돼요."

"삼각형 AC′C도 이등변 삼각형이므로 ∠AC′C를 $y$라고 하면 ∠ACC′
도 $y$가 되는군요!"

나와 소피아가 풀이를 주고받았다. 그리고 우리는 이 기호들을 그
림에 나타내 보았다.

"사각형 B′C′CB를 보세요. 사각형의 내각의 합은 360°이므로

$$\angle C'B'B+\angle B'BC+y+y=360°$$

가 돼요."

머리 회전이 빠른 레이 왕이 새로운 등식을 만들어 냈다.

"일직선은 180°이므로 $\angle C'B'B$는 180°에서 $x$를 뺀 각도예요. 마찬가지로 $\angle B'BC$도 180°에서 $x$를 뺀 각도가 돼요."

안절부절하던 소피아가 다시 집중하는 것을 느낄 수 있었다. 우리는 소피아의 얘기를 식에 넣어 보았다. 그러자 식은 다음과 같이 바뀌었다.

$$180°-x+180°-x+y+y=360°$$

이 식의 좌변을 정리하자 식은 다시 아래와 같이 바뀌었다.

$$360°+y+y-x-x=360°$$

식을 보던 소피아가 무언가를 발견한 듯 소리쳤다.

"아! $x$와 $y$가 같아야 하는군요."

"$x$와 $y$는 같은 위치에 있는 각이고, 이것들의 크기는 같으므로 변 B'B와 변 C'C는 평행이에요."

레이 왕이 두 선분의 평행을 증명해 내곤 흐뭇한 미소를 지었다.

어느새 괴물 앤티스는 잊어버리고 모두 문제 풀이에 몰두해 있었다.

"앗! 잠깐만요."

소피아가 무언가 중요한 것을 생각해 낸 듯 갑자기 소리쳤다.

레이 왕과 매직스가 궁금하다는 얼굴로 소피아를 바라보았다.

"B에서 B′로 내려가는 운동과 C에서 C′로 내려가는 운동을 경사면을 따라 내려가는 운동으로 생각할 수 있어요."

라는 소피아의 말에,

**"경사면을 따라 내려간 거리는 걸린 시간의 제곱에 비례하지요."**

하고 매직스가 의견을 보탰다.

"CC′가 BB′의 몇 배인지만 알면 두 경사면을 따라 내려갈 때 걸리는 시간의 비를 알 수 있어요."

이번에는 레이 왕이었다. 우리는 서로 의견을 주고받으면서 점점 답을 찾아가고 있었다.

"맞아, 삼각형에서 두 각이 같으면 닮음이라고 했지요?"

"그렇죠."

소피아의 말에 레이 왕이 답했다.

"그럼 삼각형 AB′B와 삼각형 AC′C는 닮음이에요. 두 밑각이 같으니까요."

그렇게 말하는 소피아의 얼굴이 환해졌다.

"닮음 관계에 있는 두 삼각형에서는 대응하는 변의 길이의 비가 같으니까

$$B′B : C′C = AB : AC$$

가 되는군요."

이번엔 내가 말했다.

닮은 삼각형은 대응변의
닮음비가 같지요.

"줄의 길이가 4배가 되었다고 했으니까 AB : AC=1 : 4예요. 그러므로

$$B′B : C′C=1 : 4$$

가 되고, 비례식에서 내항의 곱과 외항의 곱이 같으니까

$$C'C = 4 \times B'B$$

가 돼요."

소피아가 말하자, 그 뒤를 이어 레이 왕이 주먹을 불끈 쥐며 말했다.

"경사면을 따라 내려온 거리는 시간의 제곱에 비례하니까, BB'를 내려오는 데 걸린 시간을 1초라고 하면 CC'를 내려오는 데 걸린 시간은 2초가 되어야 해요."

"이제 모든 게 해결되었어요. 줄의 길이가 4배가 되면 주기가 2배로 길어진다는 것이 증명되었어요."

이렇게 내가 결론을 내렸다. 우리는 최고의 팀워크를 발휘하는 한 팀이었다!

굳게 닫혔던 유리창이 열리면서 바람이 불어 들어왔다. 매직스가 문이 열렸는지 보려고 달려가니 스르르 문이 다시 열렸다. 앤티스가 소리도 없이 사라진 것이다.

"앤티스의 공격이 또다시 허사로 돌아갔군. 우린 정말 최고의 팀이야!"

레이 왕이 상기된 표정으로 말했다.

"앤티스 자식 얼마든지 공격해 보라고 해. 결국 승리는 우리 거라고!"

흥분한 매직스가 과장된 표정으로 말했다.

정말 즐거운 생활이었다. 하지만 숨 가쁘게 여러 문제를 토론하느라 잊고 있었던 엄마가 떠올랐다. 이제 슬슬 집으로 가고 싶었다.

내 마음을 읽은 것일까. 그때 싸이폰에서 다시 알림 음이 울렸다.

그리고 갈릴레이의 홀로그램이 홀연히 눈앞에 나타났다.

"이제 집으로 돌아갈 시간이라네."

갈릴레이가 지그시 말했다.

나는 뒤를 돌아보았다. 어느새 내 몸이 떠오르고 피사 왕국이 발 아래 내려다보였다. 레이 왕, 소피아, 매직스에게 작별 인사를 하지 못해 아쉬웠다. 하지만 그들과 작별 인사를 한다면 몹시 마음이 아플 것 같았다. 긴 시간 함께 토론하면서 정도 많이 들었다. 심술통 매직스가 자상한 아빠 같은 마음으로 레이 왕을 돌본다는 것을 알 만큼 많은 시간이었다. 이것이 더 나은 이별의 방법이란 생각이 들었다.

"그래요, 이제는 집으로 돌아가야죠. 피사 왕국, 안녕. 안녕, 레이 왕, 소피아, 그리고 마법사 매직스 백작님! 최고의 한 팀!"

## 도전 -앤티스 퀴즈 4

길이가 1미터인 줄에 추를 매달아 흔들었더니 추가 10번 왕복하는 데 걸리는 시간이 20초였어요. 줄의 길이를 4미터로 늘리면 추가 5번 왕복하는 데 걸리는 시간은 몇 초인가요?

## 수학과 과학이 하나라는 걸 알았어요

장난꾸러기이지만 왕의 지혜를 갖춘 레이 왕, 날카로운 분석력과 계산력을 지닌 소피아, 심술통이지만 한편으로는 자상한 매직스. 그들과 함께 수학과 물리학의 문제를 풀어 나가던 일이 떠올랐다.

'그때 우리는 손발이 잘 맞는 한 팀이었지. 최고의 팀워크를 갖춘 팀!'

집으로 돌아온 나는 싸이폰을 만지작거리며 피사 왕국에서의 즐거웠던 추억들을 떠올렸다. 그때 갑자기 싸이폰에서 요란한 알림음이 울렸다. 내가 화면 보호 기능을 해제하자 갈릴레이의 홀로그램이 눈앞에 나타났다.

"반가워요, 갈릴레이 할아버지."

나는 반가운 마음에 흥겨운 목소리로 인사했다.

"이번 여행에 대해 그대와 조금 더 나눌 얘기가 있어서 온 거라네."
갈릴레이가 말했다.

"옛? 그게 뭔가요?"

"그대를 피사 왕국으로 초대한 목적은 수학과 과학의 융합을 꾀하기 위한 것이었다네. 자모스 군은 이러한 융합의 장점이 뭐라고 생각하나?"

갈릴레이의 물음에 나는 잠시 생각에 잠겼다.

"음. 그동안 저는 수학과 과학은 별개의 학문이라고 생각했어요. 수학은 수나 도형을 다루는 학문이고, 과학은 어떤 대상을 관찰하고 숨은 원리를 발견하는 것이라고 생각했지요. 하지만 이번 여행을 통해 수학적 원리와 과학적 원리 사이에는 서로 얽힌 관계가 있다는 것을 알게 되었어요."

갈릴레이는 나의 대답에 가만히 고개를 끄덕이고는 또 물었다.

"좋은 깨달음을 얻었군. 그래, 구체적으로 어떤 연관 관계를 알게 되었는가?"

"우선 평균 속력의 정확한 개념을 알게 되었어요. 물체의 평균 속력이 점수의 평균을 구하는 수학 원리와 완전히 일치한다는 것을 알게 되었지요."

"그 밖에는?"

"경사면을 따라 내려오는 운동에 대한 관측 자료로부터 속력이 시간에 비례해 빨라지고, 움직인 거리는 시간의 제곱에 비례한다는 것을 알아냈지요. 그다음 이러한 성질이 낙하 운동에도 똑같이 적용될 거라고 생각했어요. 나는 삼각형의 닮음을 이용해, 내가 추측한 대로 낙하 운동에서도 물체의 속력은 시간에 비례해 증가하고 낙하 거리는 시간의 제곱에 비례해 증가한다는 것을 알아냈어요."

나는 신이 나서 재빠르게 대답했다. 그 원리와 규칙을 발견하던 때가 생각나면서, 저절로 피사 왕국의 세 사람이 떠올랐다.

"실험으로 증명하기 어려운 낙하 운동 문제를 수학을 이용해 증명한 거로군."

갈릴레이가 흐뭇한 미소를 지으며 고개를 끄덕였다.

"네, 그래요. 그러고 보니 수학과 물리학의 아름다운 결합이었어요. 그리고 내친김에 줄에 매달린 물체의 운동도 삼각형의 닮음을 이용해 해석할 수 있게 되었지요. 이 연구를 하면서 나는 삼각형의 닮음에 대해 완전하게 이해했고, 낙하 운동에 대해서도 잘 알게 되었어요."

피사 왕국에서 했던 치열한 토론과 증명으로 많은 수학과 물리학의 난제들을 제대로 증명해 내고 깨닫게 된 것이다. 간혹 괴물 앤티스의 위협에 심리적 압박을 느끼긴 했지만, 그래도 성공적으로 잘 해결해 낸 자신이 자랑스러웠다. 다른 한편으로 생각해 보면, 앤티스 덕분에(?) 한 걸음 더 나아가 생각해 낸 문제들도 많았다.

"그렇다면 자모스 군은 성공적인 여행을 했군."

갈릴레이가 입가에 엷은 미소를 띠었다.

"하지만 제가 피사 왕국에서 연구한 건 모두 갈릴레이 할아버지가 먼저 한 일들이잖아요? 제가 새롭게 찾아낸 것은 없는걸요."

침착한 태도로 문제를 해결해서 앤티스의 위협에서 벗어난 일이나, 팀워크를 통해 많은 수학적 증명을 해낸 일은 뿌듯했다. 하지만 내가 어떤 새로운 이론을 발견해 낸 것은 아니라는 사실을 깨닫고 나는 약간 실망스러운 기분이 되었다.

"새로운 과학 이론을 발견하는 것은 아주 중요한 일이란다. 하지만 그것 못지않게 중요한 것은, 기존의 과학 이론이 정말 옳은지를 다시 검토하고 그걸 재해석하는 일이야. 나 이전에 아리스토텔레스는 무거운 물체가 가벼운 물체보다 더 빨리 떨어진다는 주장을 했고, 그것은 오랫동안 정설처럼 떠받들어졌지. 하지만 나는 그것이 정말 옳은지 의심하고 증명하려고 애썼단다. 그 결과 발견해 낸 것이 바로 낙하 법칙이지. 하지만 자모스 군은 나와는 다른 증명 방법을 이용하질 않았나? 낙하 운동과 줄에 매달린 추의 운동을 삼각형의 닮음이라는 수학 원리로 해결한 건 아주 창의적이었어. 그런 점들은 당연히 존중되어야 하지."

그렇게 갈릴레이가 나를 격려했다. 나는 나도 모르게 고개를 끄덕였다.

"자모스 군, 이번 여행이 자네에게 큰 힘이 되었을 거라고 생각한단다. 부디 수학과 물리학, 그리고 과학에 대한 열정을 잊지 말고 살아가거라. 그리고 자연과 우주의 법칙을 발견하는 훌륭한 과학자가 되길 바란다."

그 말과 함께 갈릴레이의 홀로그램이 희미해지더니 자취를 감추었다. 그리고 싸이폰도 흔적도 없이 사라졌다.

"고마워요, 갈릴레이 할아버지. 피사 왕국 여행에 데려가 주셔서, 그리고 제게 평생 힘이 될 말씀을 해 주셔서. 좋은 과학자가 되도록 노력할게요!"

나는 마치 갈릴레이가 눈앞에 있는 것처럼 큰 소리로 대답했다.

# 앤티스의 퀴즈 해답

## 퀴즈 1

정답 : 5시간 후

두 무리가 어떤 지점에서 만났는지 알아야 문제를 풀 수 있어요.

두 무리는 서로를 향해 이동하고 있으며, 이동할 수 있는 최대 거리는 70킬로미터예요.

70킬로미터를 나타내는 수직선을 그려 놓고, 만나는 지점을 표시해 보세요.

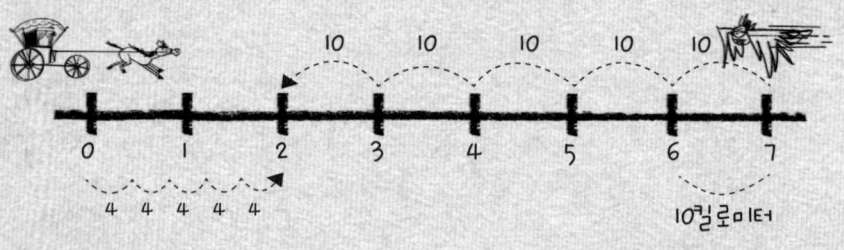

자모스 일행은 1시간에 4킬로미터를 이동합니다. 앤티스는 1시간에 10킬로미터를 이동합니다.

수직선 위에 자모스 일행과 앤티스가 이동하는 거리를 표기해 보면 자모스 일행이 20킬로미터를 이동하고 앤티스는 50킬로미터를 이동한 지점에서 만나는 것을 알 수 있습니다.

$$속력 = \frac{움직인\ 거리}{걸린\ 시간}$$

$$걸린\ 시간 = \frac{움직인\ 거리}{속력}$$

따라서 두 무리 모두 5시간 동안 이동했습니다.

### 퀴즈 2

정답 : 시속 50미터(50m/h)

이 문제에서는 속력을 구하는 데 필요한 움직이는 데 걸린 시간도 모르고 움직인 거리도 몰라요. 하지만 일정한 거리를 움직이는 데 걸린 전체 시간이 속력이 다른 두 부분으로 나누어져 있다는 것을 알지요. 그럼 모르는 것을 □라고 하고 계산해 봐요.

먼저 시간에 대한 힌트가 있으니 움직이는데 걸린 전체 시간을 □라고 해 볼까요? 시간을 알면 거리를 구할 수 있지요.

$$움직인\ 거리 = 속력 \times 걸린\ 시간$$

$$\frac{2}{3} \times \square \text{시간 동안 움직인 거리} = 60 \times \frac{2}{3} \times \square = 40 \times \square$$

$$\frac{1}{3} \times \square \text{시간 동안 움직인 거리} = 30 \times \frac{1}{3} \times \square = 10 \times \square$$

따라서 움직인 전체 거리는 $40 \times \square + 10 \times \square = 50 \times \square$

움직이는 데 걸린 전체 시간은 $\frac{2}{3} \times \square + \frac{1}{3} \times \square = 1 \times \square = \square$

이제 평균 속력을 구하는 공식에 우리가 구한 값을 넣어 계산해 보아요.

$$\text{평균 속력} = \frac{\text{총 움직인 거리}}{\text{움직인데 걸린 시간}}$$

$$\text{평균 속력} = \frac{50 \times \square}{\square} = 50(\text{m/h})$$

평균 속력은 시속 50미터가 되네요! 와우!

## 퀴즈 3

정답 : 11.25미터

낙하하는 물체의 순간 속력 = $10 \times$ 걸린 시간

낙하한 시간을 □초라고 하면 바닥에 닿는 순간의 순간 속력은

$$10 \times □ = 15$$

$$□ = 1.5$$

가 됨을 계산할 수 있어요. 물체가 바닥에 닿는 데 걸린 시간이 1.5초이니까 물체는 1.5초 동안 낙하했어요! 낙하하는 물체의 움직인 거리를 구하는 공식은 다음과 같아요.

$$낙하한\ 거리 = 5 \times (시간)^2$$

위의 공식에 구한 값을 넣어 계산해 봅시다.

$$낙하한\ 거리 = 5 \times (1.5)^2 = 11.25(m)$$

물체는 총 11.25미터를 떨어졌군요! 또다시 문제 해결!!

## 퀴즈 4

정답 : 20초

길이가 1미터인 줄에 추를 매달아 흔들었을 때 추가 10번 왕복하는 데 걸린 시간이 20초이므로 추가 한 번 왕복하는 데 걸리는 시간

은 2초예요.

줄의 길이는 주기의 제곱에 비례한다는 것! 기억하나요? 주기가 1배, 2배, 3배가 될 때 줄의 길이는 1배, 4배, 9배가 돼요.

줄의 길이가 4배로 되면 추가 한 번 왕복하는 데 걸리는 시간 즉, 주기는 2배가 돼요.

그러니까 길이가 4미터인 줄에 매달린 추가 한 번 왕복하는 데 걸리는 시간은 4초예요.

다섯 번 왕복하는 데 걸리는 시간은 $4 \times 5 = 20$(초)가 되는 것을 알 수 있어요.

# 융합인재교육(sTEAM)이란?

"지구는 둥근 모양이야!"라고 말한다면 배운 것을 잘 이야기할 수 있는 학생입니다. "지구가 둥글다는 것을 어떻게 알게 되었나요?"라고 질문한다면, 그리고 그 답을 스스로 생각해 보고 궁금증에 대한 흥미를 느낀다면 생활 주변에서 배우고 성장할 수 있는 학생입니다.

미래 사회는 감성과 창의성으로 학문의 경계를 넘나드는 융합형 인재를 필요로 합니다. 단순한 지식을 주입하지 않고 '왜?'라고 스스로 묻고 찾아볼 수 있어야 합니다.

미국, 영국, 일본, 핀란드를 비롯해 많은 선진 국가에서 수학과 과학 융합 교육에 힘쓰고 있습니다. 우리나라에서도 창의 융합형 과학 기술 인재 양성을 위해 교육부에서 융합인재교육(STEAM) 정책을 추진하고 있습니다. 융합인재교육은 과학(Science), 기술(Technology), 공학(Engineering), 예술(Arts), 수학(Mathematics)을 실생활에서 자연스럽게 융합하도록 가르칩니다.

〈수학으로 통하는 과학〉 시리즈는 융합인재교육정책에 맞추어, 수학·과학에 대해 학생들이 흥미를 갖고 능동적으로 참여하며 스스로 문제를 정의하고 해결할 수 있도록 도와주고 있습니다.

스스로 깨치는 교육! 과학에 대한 흥미와 이해를 높여 예술 등 타 분야를 연계하여 공부하고 이를 실생활에서 직접 활용할 수 있도록 하는 것이 진정한 살아 있는 교육일 것입니다.

**1 수학으로 통하는 과학**

# 삼각형으로 스피드를 구해줘!

ⓒ 글 정완상, 2013
ⓒ 그림 이지후, 2013

초판 1쇄 발행 2013년 2월 6일
초판 8쇄 발행 2022년 12월 1일

**지은이** 정완상
**그린이** 이지후
**펴낸이** 정은영

**펴낸곳** |㈜자음과모음
**출판등록** 2001년 11월 28일 제2001-000259호
**주소** 10881 경기도 파주시 회동길 325-20
**전화** 편집부 (02)324-2347, 경영지원부 (02)325-6047
**팩스** 편집부 (02)324-2348, 경영지원부 (02)2648-1311
**이메일** jamoteen@jamobook.com
**블로그** blog.naver.com/jamogenius

ISBN 978-89-544-2827-9(44400)
      978-89-544-2826-2(set)